Jens Baltin

Die Initiation der DNA-Replikation

Jens Baltin

Die Initiation der DNA-Replikation

Biochemische Charakterisierung der humanen DNA Replikation in vitro

Südwestdeutscher Verlag für Hochschulschriften

Impressum/Imprint (nur für Deutschland/ only for Germany)
Bibliografische Information der Deutschen Nationalbibliothek: Die Deutsche Nationalbibliothek verzeichnet diese Publikation in der Deutschen Nationalbibliografie; detaillierte bibliografische Daten sind im Internet über http://dnb.d-nb.de abrufbar.
Alle in diesem Buch genannten Marken und Produktnamen unterliegen warenzeichen-, marken- oder patentrechtlichem Schutz bzw. sind Warenzeichen oder eingetragene Warenzeichen der jeweiligen Inhaber. Die Wiedergabe von Marken, Produktnamen, Gebrauchsnamen, Handelsnamen, Warenbezeichnungen u.s.w. in diesem Werk berechtigt auch ohne besondere Kennzeichnung nicht zu der Annahme, dass solche Namen im Sinne der Warenzeichen- und Markenschutzgesetzgebung als frei zu betrachten wären und daher von jedermann benutzt werden dürften.

Verlag: Südwestdeutscher Verlag für Hochschulschriften Aktiengesellschaft & Co. KG
Dudweiler Landstr. 99, 66123 Saarbrücken, Deutschland
Telefon +49 681 37 20 271-1, Telefax +49 681 37 20 271-0, Email: info@svh-verlag.de
Zugl.: München, LMU, Diss., 2009

Herstellung in Deutschland:
Schaltungsdienst Lange o.H.G., Zehrensdorfer Str. 11, D-12277 Berlin
Books on Demand GmbH, Gutenbergring 53, D-22848 Norderstedt
Reha GmbH, Dudweiler Landstr. 99, D- 66123 Saarbrücken
ISBN: 978-3-8381-0679-3

Imprint (only for USA, GB)
Bibliographic information published by the Deutsche Nationalbibliothek: The Deutsche Nationalbibliothek lists this publication in the Deutsche Nationalbibliografie; detailed bibliographic data are available in the Internet at http://dnb.d-nb.de.
Any brand names and product names mentioned in this book are subject to trademark, brand or patent protection and are trademarks or registered trademarks of their respective holders. The use of brand names, product names, common names, trade names, product descriptions etc. even without
a particular marking in this works is in no way to be construed to mean that such names may be regarded as unrestricted in respect of trademark and brand protection legislation and could thus be used by anyone.

Publisher:
Südwestdeutscher Verlag für Hochschulschriften Aktiengesellschaft & Co. KG
Dudweiler Landstr. 99, 66123 Saarbrücken, Germany
Phone +49 681 37 20 271-1, Fax +49 681 37 20 271-0, Email: info@svh-verlag.de

Copyright © 2008 Südwestdeutscher Verlag für Hochschulschriften Aktiengesellschaft & Co. KG and licensors
All rights reserved. Saarbrücken 2008

Produced in USA and UK by:
Lightning Source Inc., 1246 Heil Quaker Blvd., La Vergne, TN 37086, USA
Lightning Source UK Ltd., Chapter House, Pitfield, Kiln Farm, Milton Keynes, MK11 3LW, GB
BookSurge, 7290 B. Investment Drive, North Charleston, SC 29418, USA
ISBN: 978-3-8381-0679-3

Vorwort

Die vorliegende Arbeit wurde in der Zeit von Oktober 2004 bis November 2008 in der Abteilung für Genvektoren am Helmholtz-Zentrum München unter der Betreuung von PD Dr. Aloys Schepers durchgeführt. Ihm danke ich für die wissenschaftliche Unterstützung während unserer Zusammenarbeit. Herrn Prof. Dr. Dirk Eick danke ich für die Übernahme der offiziellen Betreuung, für sein stetes Interesse am Fortgang der Arbeit und die schnelle Korrektur. Herrn Prof. Dr. Martin Parniske danke ich für seine Bereitschaft, als Gutachter diese Dissertation zu beurteilen.

Den Mitgliedern der Arbeitsgruppe danke ich für ihre Hilfsbereitschaft und die gute Zusammenarbeit. Mein besonderer Dank gilt Dr. Andreas Thomae, der durch sein unermüdliches Interesse und der steten Diskussionsbereitschaft maßgeblich zum Gelingen der Arbeit beigetragen hat. Peer Papior, Manuel Deutsch und Krisztina Zeller danke ich für den guten Zusammenhalt in unserer Gruppe, den wissenschaftlichen Austausch und die produktive Zusammenarbeit.

Besonders bedanken möchte ich mich bei Dr. Daniel Schaarschmidt, der mir vor vielen Jahren den Einstieg in das Feld der DNA-Replikation ermöglichte. Des Weiteren danke ich ihm für die Korrektur meiner Arbeit. Für die Bereitstellung unzähliger Materialien danke ich Prof. Dr. Rolf Knippers und Martina Baack an der Universität Konstanz.

Dr. Manfred Gossen und Vishal Agrawal am Max-Delbrück-Zentrum in Berlin danke ich für die Hilfe beim Baculovirus-Expressionssystem und die Bereitstellung einiger Viren.

Ich möchte auch meinen Freunden danken, die mich während meiner Promotion immer unterstützt haben und sich geduldig meine Probleme angehört haben. Das Gleiche gilt auch für meinen beiden Schwestern, Eva und Julia, denen ich an dieser Stelle herzlich danken möchte.

Zu guter Letzt möchte ich den beiden Menschen danken, die mir diese Promotion überhaupt erst ermöglicht haben. Mit viel Geduld und guten Ratschlägen waren sie immer für mich da und haben mich fortwährend unterstützt. Meinem Vater und meiner Mutter gebührt daher der größte Dank.

Inhaltsverzeichnis

1 Einleitung 1
1.1 Die Regulation des eukaryotischen Zellzyklus 1
1.2 Die DNA-Replikation 2
1.3 Komponenten des prä-Replikationskomplexes 5
    1.3.1 Der „Origin recognition complex" (ORC) 6
    1.3.2 Das Cdc6-Protein 8
    1.3.3 Das Cdt1-Protein 10
    1.3.4 Der MCM2-7-Komplex 10
1.4 In vitro DNA-Replikationssysteme 11
    1.4.1 Das SV40 in vitro DNA-Replikationssystem 12
    1.4.2 Nicht-virale in vitro DNA-Replikationssysteme 13
1.5 Zielsetzung 16

2 Material 17
2.1 Antikörper 17
2.2 Enzyme 17
2.3 Genotyp der verwendeten Bakterienstämme 17
2.4 Größenstandard 18
2.5 Nukleinsäuren 18
2.6 Reagenzienkits 18
2.7 Zelllinien 18
2.8 Chemikalien, Geräte und sonstiges 19

3 Methoden 21
3.1 Standardmethoden 21
3.2 Zellkultur 21
    3.2.1 Kultivierung und Passagierung 21
    3.2.2 Bestimmung der Zellzahl 22
    3.2.3 Synchronisation von HeLa-S3-Zellen 22
    3.2.4 FACS Analyse 23
3.3 DNA-Arbeitstechniken 23
    3.3.1 Polymerase Kettenreaktion (PCR) 23
    3.3.3 Restriktionsverdau 24
    3.3.4 Isolierung von DNA Fragmenten aus Agarose-Gelen 24
    3.3.5 Dephosphorylierung von 5'DNA-Enden 24
    3.3.6 Ligation mit der T4-DNA-Ligase 24
    3.3.7 Isolierung von Plasmiden aus Flüssigkulturen 24
    3.3.8 HsOrc6 Mutagenese und Klonierung der Expressionsplasmide 25
    3.3.9 Biotinylierung von Plasmid-DNA 25
3.4 Herstellung und Amplifikation rekombinanter Baculoviren 26
3.5 Proteinbiochemische Methoden 28
    3.5.1 Bakterielle Überexpression und Reinigung von HsOrc6 28
    3.5.2 HsCdc6 Expression in Hi5-Insektenzellen und Reinigung 29
    3.5.3 HsORC Expression in Insektenzellen und Reinigung 30
    3.5.4 Präparation von HeLa-S3 Zellextrakten 31
    3.5.5 Immunpräzipitation von Proteinen aus Kernextrakten 32
3.6 DNA-Bindungsstudie 33
    3.6.1 Kopplung von biotinylierter DNA an Streptavidin-paramagnetische Beads ... 33
    3.6.2 DNA-Bindungsreaktion und Analyse der gebundenen Proteine 33

3.6.3 λ-PPase-Behandlung der DNA gebundenen Proteine..34
3.7 In vitro DNA Replikation..34
3.7.1 SV40 in vitro Replikationsansatz..34
3.7.2 In vitro Replikationsansatz mit HeLa-Kernextarkten..35
3.8 „Electro Mobility Shift Assay" (EMSA)..35

4 Ergebnisse 37
4.1 Proteinextrakte aus humanen Zellen unterstützen die DNA-Replikation in vitro....................37
    4.1.1 SV40 T-Antigen abhängige in vitro DNA-Replikation...38
    4.1.2 Extrakte von Chromatin-gebundenen Proteinen aus HeLa-Zellen ersetzen die Aufgaben des SV40 T-Ag in der in vitro DNA-Replikation...40
    4.1.3 Aphidicolin hemmt die in vitro DNA-Replikation 44
    4.1.4 Die in vitro DNA-Replikation findet nur bei niedrigen Salzkonzentrationen statt..........46
    4.1.5 Chromatin-verpackte DNA ist kein Substrat für die in vitro DNA-Replikation...............47
4.2 Die Regulation der in vitro DNA-Replikation... 49
    4.2.1 Extrakte aus G1-Phase synchronisierten Zellen unterstützen nicht die in vitro DNA-Replikation.. 49
    4.2.2 CyclinA ist essentiell für die in vitro DNA-Replikation in Extrakten aus G1/S-Phase synchronisierten HeLa-Zellen.. 52
4.3 DNA-Bindungsstudien zur Charakterisierung des prä-Replikationskomplexes........................54
    4.3.1 Bindung von Proteinen des prä-Replikationskomplexes an immobilisierte Plasmide......55
    4.3.2 ATP stimuliert die Bindung der MCM-Proteine an immobilisierte Plasmide..................57
    4.3.3 DNA-gebundenes HsCdc6 wird ATP abhängig phosphoryliert.....................................58
    4.3.4 Die Phosphorylierung des DNA-gebundenen Cdc6-Proteins erfolgt an den fünf N-terminalen Phosphorylierungsstellen... 60
    4.3.5 HsOrc6 stimuliert die Bindung von HsCdc6p an DNA...63
4.4 Die DNA-Bindung von rekombinantem HsORC 65
    4.4.1 Die kleinste ORC-Untereinheit HsOrc6p bindet DNA... 66
    4.4.2 Expression und Aufreinigung des humanen Orc1-5-Komplexes mit dem Baculovirus-Expressionssystem..68
    4.4.3 Die DNA-Bindung des humanen Orc1-5-Komplexes ist Orc6 unabhängig.....................70

5 Diskussion...73
5.1 Das zellfreie in vitro Replikationssystem..75
5.2 CyclinA ist essentiell für die in vitro DNA-Replikation.. 80
5.3 HsCdc6 wird DNA-gebunden phosphoryliert...82
5.4 Die Rolle von Orc6 bei der pre-RC Ausbildung und der ORC-DNA-Bindung.........................85

6 Zusammenfassung... 88

7 Abkürzungsverzeichnis... 89

8 Abbildungsverzeichnis 90

9 Literaturverzeichnis.. 91

10 Anhang...103
10.1 Aufreinigung Cdc6-wt und Cdc6-5xMut.. 103
10.2 Orc6-Sequenzvergleich und Vorhersage der Sekundärstruktur..104
10.3 Aufreinigung von HsOrc6-wt und HsOrc6-S72A-K76A.. 106

1 Einleitung

Die doppel-helikale Struktur der DNA mit zwei gegenläufigen, komplementären Strängen offenbarte bereits bei ihrer Aufklärung 1953 durch Watson und Crick einen Mechanismus, der die korrekte Duplikation der DNA ermöglicht. Dabei werden die beiden DNA-Stränge voneinander getrennt und der Nukleotid-Einbau während der Synthese der beiden DNA-Tochterstränge ist durch die Nukleotid-Sequenz der beiden elterlichen DNA-Stränge vorgegeben (Meselson und Stahl, 1958; Watson und Crick, 1953). Für diesen Prozess der semikonservativen DNA-Replikation postulierten Jacob und Brenner 1963 ein Replikon-Modell, wonach die Bindung eines *trans*-aktiven Initiators an einen *cis*-aktiven Sequenzbereich der DNA (Replikator) zur Etablierung von Replikationsstrukturen führt. An diesen Strukturen erfolgt die Einleitung der DNA-Replikation (Jacob und Brenner, 1963). In Eukaryoten ist die DNA-Replikation auf die Synthese-Phase (S-Phase) des Zellzyklus beschränkt. Die Duplikation des Genoms findet dabei vollständig und genau einmal pro Zellzyklus statt, was für die genomische Stabilität und dem Verhindern von Krankheiten wie Krebs essentiell ist. Schon 1970 zeigten Zellfusionsexperimente von Rao und Johnson, dass die DNA-Replikation einer zellzyklusabhängigen Regulation unterliegt (Rao und Johnson, 1970). Das Verständnis der eukaryotischen DNA-Replikation wird seitdem entscheidend durch die Entwicklung von *in vitro* Replikationssystemen beeinflusst. Ein Durchbruch in der Aufklärung der zellulären Replikationsmechanismen gelang in den 80er Jahren mit der Entwicklung von viralen *in vitro* Replikationssystemen. Durch die Möglichkeit der biochemischen Zellfraktionierung wurden in diesen Systemen Proteine charakterisiert, die an der DNA-Synthese beteiligt sind. Die Analyse der an der Initiation der eukaryotischen DNA-Replikation beteiligten Proteine wurde in den 90er Jahren durch die Entwicklung nicht-viraler *in vitro* Replikationssysteme ermöglicht. Diese Systeme basieren auf Extrakten aus unterschiedlichen eukaryotischen Spezies, jedoch ist die Entwicklung eines humanen, vollständig löslichen *in vitro* Replikationssystems, basierend auf Extrakten aus menschlichen Zellen bis heute Bestandteil intensiver Forschung.

Im Folgenden werden die teilweise hochkonservierten Proteine, ihre Funktionen und Regulation bei der DNA-Replikation beschrieben. Am Ende dieses Abschnitts werden einige virale und nicht-virale *in vitro* Replikationssysteme vorgestellt, auf denen die hier vorliegende Arbeit basiert.

1.1 Die Regulation des eukaryotischen Zellzyklus

Der Zellzyklus eukaryotischer Zellen ist historisch in zwei Hauptphasen eingeteilt (Howard und Pelc, 1953). In der Interphase kommt es zu einer Vergrößerung der Zellmasse bevor das Erbmaterial vollständig und exakt kopiert wird. In der anschließenden Teilungsphase (M-Phase) kommt es dann zur Kernteilung und damit zur gleichmäßigen Verteilung der Schwesterchromatiden auf die Tochterzellen (Mitose) sowie zur Teilung des Cytoplasmas. Die Interphase ist wiederum in drei Phasen unterteilt. In der Synthesephase (S-Phase) wird die DNA im Zellkern genau einmal pro Zellzyklus vollständig repliziert. In der zwischen M-Phase und S-Phase liegenden G1-Phase (G, gap = Lücke) empfangen Zellen mitogene und wachstumsinhibierende Signale und entscheiden ob sie in die nächste Zellteilung eintreten, pausieren oder den Zellzyklus verlassen und in den Ruhezustand übergehen (G0-Phase). Als G2-Phase wird der Zeitraum zwischen S-Phase und M-Phase bezeichnet. Hier wird kontrolliert, ob die DNA korrekt repliziert wurde und die Zelle bereitet sich auf die folgende Teilung vor.

Für alle lebenden eukaryotischen Organismen ist die präzise Koordination der verschiedenen Phasen des Zellzyklus essentiell. Für die Kontrolle des korrekten Ablaufs und den vollständigen Abschluss einer Phase vor dem Eintritt in die nächste, ist eine Familie von Proteinkinasen, die sogenannten Cyclin-abhängigen Kinasen (CDKs) verantwortlich (Nasmyth, 1993; Nigg, 1995). Eine CDK bildet im aktiven Zustand ein Heterodimer, das aus einer regulatorischen Untereinheit, dem Cyclin, und einer katalytischen Untereinheit, der Kinase, besteht. Die Menge an CDK-Molekülen bleibt während des Zellzyklus nahezu konstant wobei ihre Aktivität und Substratspezifität durch die Cycline reguliert wird. Die Expression der Cycline erfolgt zellzyklusabhängig (Amon et al., 1994; Nurse, 1994; Peeper et al., 1993). Neben der Cyclin-Bindung existieren weitere Mechanismen zur Regulation der CDK-Aktivität. So kann die Phosphorylierung von CDK Untereinheiten die Aktivität sowohl positiv als auch negativ beeinflussen (Arellano und Moreno, 1997; Nigg, 1995; Nurse, 1990). Zusätzlich übernehmen CDK-Inhibitoren (CKIs) eine wichtige Rolle bei der Regulation der CDK/Cyclin-Aktivität während des Zellzyklus (Peter und Herskowitz, 1994).

1.2 Die DNA-Replikation

Für die Weitergabe der genetischen Information von Zelle zu Zelle ist eine exakte und vollständige Verdopplung der DNA in der S-Phase essentiell. Entscheidend hierbei ist, dass das Genom in jedem Zellzyklus genau einmal dupliziert wird. Fehlerhaft, unvollständig oder mehrmals replizierte DNA führt zu genomischer Instabilität. Aus diesem Grund ist der Prozess der DNA-Replikation streng reguliert (Coverley und Laskey, 1994).

Der Ablauf der DNA-Replikation wird in drei Phasen unterteilt: Initiation, Elongation und Termination. In prokaryotischen Zellen, wie *Escherichia Coli*, wird die DNA-Replikation durch das Binden eines Proteinkomplexes (Initiator) an einer definierten Stelle des ringförmigen Chromosoms (Replikator) initiiert (Jacob und Brenner, 1963). Der Initiator (DnaA) und der Replikator *(oriC)* bilden dabei zusammen eine Replikationseinheit, das Replikon. Nach der Bindung des Initiators wird die DNA am Replikator entwunden und die DNA-Replikation eingeleitet. Während der anschließenden Elongation werden zwei Tochter-DNA-Stränge bidirektional synthetisiert. Treffen die zwei Replikationsgabeln aufeinander kommt es zur Termination der DNA-Replikation. Dieses für Prokaryoten und Viren beschriebene Replikon-Modell kann in leicht abgewandelter Form auch auf Eukaryoten übertragen werden. Im Gegensatz zu schnell wachsenden *E. coli* Zellen, die eine neue Runde der DNA-Replikation einleiten bevor die vorherige abgeschlossen ist, findet die DNA-Replikation in eukaryotischen Zellen ausschließlich in der S-Phase statt. Aufgrund der Genom-Größe und der Aufteilung des Erbmaterials auf mehrere Chromosomen benutzen Eukaryoten mehrere Startstellen der DNA-Replikation (Origins) und die Replikation findet an mehreren, hintereinander geschalteten Replikationseinheiten (Replikons) statt (Huberman und Riggs, 1968). Die am besten untersuchten eukaryotischen Origins sind die ARS-Elemente (ARS = autonomously replicating sequences) der Bäckerhefe *Saccharomyces cerevisiae* (Brewer und Fangman, 1987; Newlon, 1996). Diese 100-200bp langen Elemente bestehen aus einem A- und drei B-Elementen und verleihen zirkulären, extrachromosomalen Plasmiden die Fähigkeit zur eigenständigen Replikation (Stinchcomb et al., 1979). Entscheidend für die Origin-Aktivität der ARS-Elemente ist eine 11bp lange, A/T-reiche Konsensussequenz, die als ACS (ARS consensus sequence) bezeichnet wird (Marahrens und Stillman, 1992; Newlon, 1996). Die ACS sowie das funktionell wichtige B1-Element dienen als Bindestelle des hexameren „Origin recognition complex" (ORC; siehe unten) (Rowley et al., 1995). Das B2-Element fungiert als Entwindungselement (Rowley et al., 1994) und das nicht essentielle B3-Element als Bindestelle für den Transkriptionsfaktor Abf1, der die Initiation der DNA-Replikation stimuliert (Diffley und Stillman, 1988).

Der Aufbau der Replikatoren in höheren Eukaryoten ist bis heute unklar. Durch den Nachweis von neu synthetisierter DNA wurden ca. 25 Origins der DNA-Replikation in verschiedenen eukaryotischen Zelltypen beschrieben (Robinson und Bell, 2005). Die DNA-Sequenzen dieser Origins weisen jedoch keine Homologie auf. Lediglich das Vorhandensein von A/T-reichen Sequenzelementen, die möglicherweise als Entwindungszonen dienen, stellt eine Gemeinsamkeit dar (DePamphilis, 1999; Gilbert, 2001; Mechali, 2001; Todorovic et al., 1999). Bei Untersuchungen, in denen einige der Origin-Sequenzen auf ihre Fähigkeit getestet werden, Plasmide in humane Zellen autonom zu replizieren, stellt sich heraus, dass jedes beliebige Element größer als 15kb Plasmide zellzyklusabhängig repliziert (Caddle und Calos, 1992; Krysan et al., 1993). Weitere Experimente in *Xenopus laevis* und *Drosophila melanogaster* zeigen, dass die DNA-Replikation sequenzunspezifisch initiiert wird (Blow und Laskey, 1986; Coverley und Laskey, 1994; Gilbert, 1998; Hyrien und Mechali, 1992; Newport, 1987; Walter et al., 1998). Zudem zeigen

Studien mit extrachromosomal replizierenden Plasmiden, die einen Origin der DNA-Replikation tragen, sowie *in vitro* Analysen, dass die Initiation der DNA-Replikation sequenzunspezifisch stattfindet (Schaarschmidt et al., 2004; Vashee et al., 2003). Diese kontroversen Beobachtungen verdeutlichen, dass der Replikator in höheren Eukaryoten nicht alleine durch die DNA-Sequenz definiert ist, sondern, dass die Organisation der DNA in Chromatin und die Kernstruktur für die Spezifizierung des Replikators entscheidend sind (DePamphilis, 1993).

Der eukaryotische Initiator wurde als spezifisch an Origins bindender Proteinkomplex in der Hefe *S. cerevisiae* entdeckt. Der „Origin recognition complex" (ORC) besteht aus sechs Untereinheiten (Bell und Stillman, 1992), wobei durch das Binden von ORC an DNA in der G1-Phase potentielle Replikationsstartstellen festgelegt werden. Dabei bilden die ORC-Proteine eine interaktive Plattform, die zur Assemblierung des prä-Replikationskomplexes (pre-RC) dient (Diffley et al., 1995). In Abbildung 1 sind die Abläufe der Ausbildung und Aktivierung des pre-RCs schematisch dargestellt.

Der pre-RC besteht neben den Orc1-Orc6 Proteinen aus Cdc6, Cdt1 und der putativen replikativen DNA-Helikase MCM2-7 (Coleman et al., 1996; Diffley et al., 1995; Donovan et al., 1997; Hua und Newport, 1998; Liang und Stillman, 1997; Maiorano et al., 2000a; Nishitani et al., 2000; Romanowski et al., 1996; Rowles et al., 1996; Tanaka et al., 1997). Die Aktivierung des pre-RCs am G1/S-Phase-Übergang wird durch die Proteinkinasen Cdk2 mit den regulatorischen Untereinheiten Cyclin E und Cyclin A, sowie der Dbf4-abhängigen Kinase (DDK) Cdc7 vermittelt (Bell und Dutta, 2002; Forsburg, 2004; Mendez und Stillman, 2003). Dabei wird nach der Assoziation von Mcm10 und dem Helikase-Kofaktor Cdc45/GINS die Origin-DNA lokal entwunden (Pasero et al., 1999; Tanaka et al., 2007). Die dazu notwendige Helikase-Aktivität kommt durch eine Konformationsänderung des MCM-Komplexes zustande und wird durch die Cdc7/Dbf4-Kinase induziert (Tsuji et al., 2006). Einige aktuelle Arbeiten sprechen dafür, dass der Komplex aus Cdc45/MCM2-7/GINS die prozessive Helikase darstellt (Aparicio et al., 2006; Gambus et al., 2006; Moyer et al., 2006). Nach der Rekrutierung des DNA Polymerase α/Primase-Komplexes (Kukimoto et al., 1999; Lei und Tye, 2001) und dem Einzelstrang-bindenden Protein RPA an die entwundene DNA erfolgt die Initiation der DNA-Replikation.

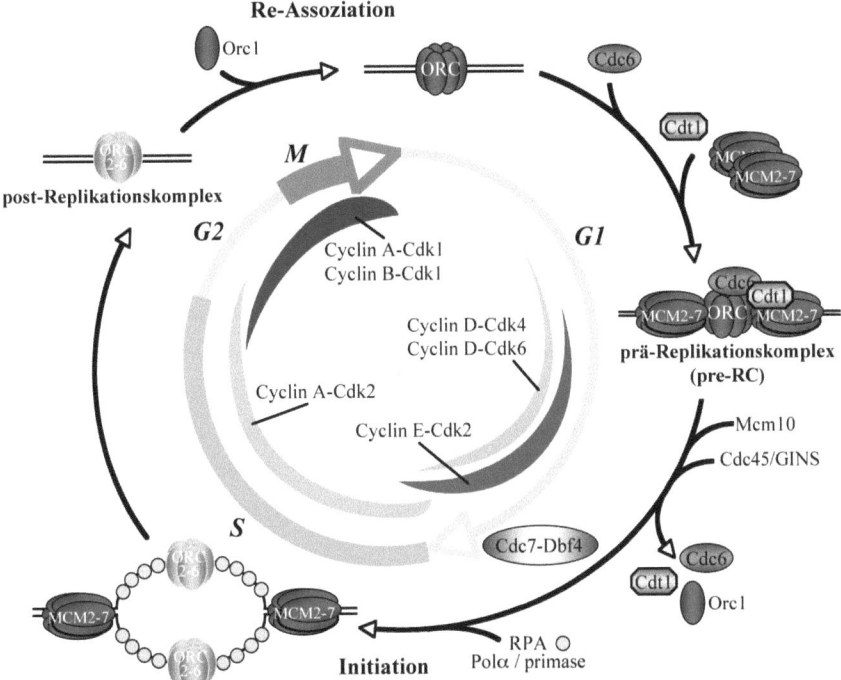

Abb. 1 Schematische Darstellung der Ausbildung und Aktivierung des pre-RCs

ORC bindet in der G1-Phase an Origins der DNA-Replikation und bildet so eine Plattform für die Rekrutierung von Cdc6. Cdt1 und die putative replikative DNA-Helikase MCM2-7 schließen die Ausbildung des pre-RCs ab. Dieser Prozess findet nur bei niedriger Cdk-Aktivität statt. Die Aktivierung des pre-RCs wird beim Erreichen einer kritischen Cdk2- und Cdc7/Dbf4-Aktivität eingeleitet wobei Mcm10 und Cdc45/GINS rekrutiert werden. Nach der Dissoziation von Cdc6, Cdt1 sowie Orc1 und der Anlagerung von Pol α/Primase und RPA kommt es zur Initiation der DNA-Replikation.

1.3 Komponenten des prä-Replikationskomplexes

Nachdem im vorherigen Kapitel ein Überblick über die Ausbildung und Aktivierung des pre-RCs, bestehend aus Orc1-6, Cdc6, Cdt1 und MCM2-7, gegeben wurde, werden in diesem Kapitel nun die einzelnen Komponenten des pre-RCs genauer vorgestellt. Dabei werden die Strukturen sowie die Regulation der Proteine durch posttranslationale Modifikationen und die daraus resultierenden Funktionen bei der Initiation der DNA-Replikation in unterschiedlichen Organismen betrachtet.

1.3.1 Der „Origin recognition complex" (ORC)

Auf der Suche nach dem eukaryotischen Initiator gelang es, einen Proteinkomplex aus der Bäckerhefe *S. cerevisiae* (S.c.) zu identifizieren, der spezifisch an ARS-Konsensus-Sequenzen in Hefe-Replikationsursprüngen bindet (Bell und Stillman, 1992; Diffley und Cocker, 1992). Dieser „Origin recognition complex" (ORC) ist ein Multiproteinkomplex und besteht aus sechs Untereinheiten, ScOrc1-ScOrc6, mit Molekulargewichten zwischen 120 und 50kD. Es wurde gezeigt, dass ScORC ATP-abhängig doppelsträngige DNA bindet. Die Untereinheiten ScOrc1, ScOrc4 und ScOrc5 gehören zur AAA$^+$-Familie der ATPasen (AAA = „ATPases associated with a variety of cellular activities") und besitzen konservierte Walker A- und Walker B-Motive, die für die ATP-Bindung und Hydrolyse verantwortlich sind und bei vielen DNA-bindenden Proteinen identifiziert wurden (Neuwald et al., 1999). Jüngere Studien lassen vermuten, dass auch die Untereinheiten ScOrc2 und ScOrc3 entfernt zu dieser AAA$^+$-Familie gehören (Speck et al., 2005). ScOrc6 gehört nicht zu dieser Proteinfamilie und wird in Hefe nicht für die DNA-Assoziation von ScOrc1-5 benötigt (Lee und Bell, 1997). Dennoch ist ScOrc6 für das Überleben der Zellen essentiell (Bell und Stillman, 1992; Lee und Bell, 1997; Li und Herskowitz, 1993). Die replikative Funktion von ScOrc6 in Hefe-Zellen besteht in der Stabilisierung des pre-RCs in der G1-Phase und wird für den Eintritt in die S-Phase benötigt (Semple et al., 2006).

Da die pre-RC-Proteine für das Überleben einer Zelle essentiell sind, ist eine der wichtigsten Methoden zur Untersuchung der Funktion dieser Proteine die rekombinante Expression. Im Gegensatz zur Expression in Bakterien erwies sich das Baculovirus-Expressionssystem mit Insektenzellen als besonders geeignet, da die exprimierten Proteine posttranslationale Modifikationen tragen, die in Bakterien nicht angefügt werden (Beljelarskaya, 2002). So zeigten *in vitro* Studien mit rekombinantem *D. melanogaster* ORC (DmORC), dass alle sechs DmORC-Untereinheiten für die DNA-Bindung und Replikation benötigt werden (Chesnokov et al., 2001). Zudem konnte in *in vitro* DNA-Bindungsstudien beobachtet werden, dass im Gegensatz zu *S. cerevisiae*, DmOrc6 für die Bindung von DmORC an Origin-DNA essentiell ist (Balasov et al., 2007). Die Rolle des humanen Orc6p (HsOrc6) bei der ORC-DNA-Bindung und der Replikation ist bis heute unklar. HsOrc6 wurde aufgrund der hohen Sequenzhomologie mit dem *Drosophila* Protein identifiziert (Dhar und Dutta, 2000). Dass HsOrc6 eine replikative Funktion besitzt wurde in Depletionsexperimenten durch RNA-Interferenz nachgewiesen (Prasanth et al., 2002). Des Weiteren wurde *in vivo* und *in vitro* gezeigt, dass HsOrc6 Bestandteil des HsORC ist (Siddiqui und Stillman, 2007; Thomae et al., 2008). Diese Eigenschaft von HsOrc6 war lange unklar, da nach der Reinigung von rekombinanten HsORC aus Insektenzellen lediglich ein stabiler HsOrc1-5-Komplex detektiert werden konnte, wobei die HsOrc6-Untereinheit kein Bestandteil dieses Komplexes war

(Giordano-Coltart et al., 2005; Ranjan und Gossen, 2006; Vashee et al., 2003; Vashee et al., 2001). Untersuchungen über das DNA-Bindeverhalten dieser rekombinanten Komplexe zeigten, dass HsORC sequenzunspezifisch an DNA bindet, jedoch eine Präferenz für A/T-reiche DNA-Sequenzen vorhanden ist (Vashee et al., 2003). Auch *in vivo* Experimente mit einem extrachromosomalen Replikon bestätigten, dass die Bindung der preRC-Komponenten HsOrc1, HsOrc2 und HsMcm3 und die Initiation der DNA-Replikation sequenzunspezifisch ist (Schaarschmidt et al., 2004). Aus den Studien mit rekombinanten HsORC und aus Experimenten in denen HsORC-Proteine aus HeLa-Zellen extrahiert werden geht hervor, dass die Untereinheiten Orc2, Orc3, Orc4 und Orc5 den zentralen ORC-Kernkomplex bilden (HsOrc2-5) (Dhar et al., 2001; Vashee et al., 2001). Dabei assoziiert die größte Untereinheit HsOrc1 (97kD), wenn vorhanden stabil, und die kleinste Untereinheit HsOrc6 (30kD) nur schwach mit dem Orc2-5-Komplex (Thomae et al., 2008). Präparationen von rekombinantem HsORC in An- und Abwesenheit von ATP aus Insektenzellen zeigten, dass die Anwesenheit von ATP eine entscheidende Rolle für die Ausbildung und Stabilität des humanen ORC hat (Ranjan und Gossen, 2006). Weitere *in vitro* Analysen zeigten, dass Mutationen der humanen Orc1-, Orc4- und Orc5-Untereinheiten in der ATP-Bindestelle zur Inhibition der DNA-Replikation führt, obwohl diese Komplexe mit mutierten ORC-Proteinen weiterhin mit Chromatin assoziieren können (Giordano-Coltart et al., 2005). In DNA-Bindungsstudien mit humanem ORC (HsORC) hat die Zugabe von ATP einen stimulierenden Effekt auf die ORC-DNA-Bindung (Vashee et al., 2003).

Eine besondere Rolle bei der zellzyklusabhängigen Regulation der humanen ORC-Aktivität übernimmt das HsOrc1-Protein. Durch die Phosphorylierung von Chromatin-gebundenem HsOrc1 nach der Origin-Aktivierung wird das Protein in der S-Phase für den Ubiquitin-vermittelten Abbau durch das 26S-Proteasom markiert (Fujita et al., 2002; Li und DePamphilis, 2002) und ist nach der Initiation der DNA-Replikation nicht mehr an Origins nachzuweisen (Ohta et al., 2003; Tatsumi et al., 2003). Dieser Mechanismus verhindert eine Re-Assoziation von HsOrc1 an Chromatin während der S-Phase und somit eine Re-Replikation. Des Weiteren unterliegt die Expression von Orc1 in Säugetierzellen einer vom Transkriptionsfaktor E2F abhängigen Expressionskontrolle (Ohtani et al., 1996). Verschiedene Arbeiten zeigten zusätzlich, dass der HsOrc2-5-Komplex während der Mitose nicht an Replikationsursprüngen nachzuweisen ist (Abdurashidova et al., 2003; Gerhardt et al., 2006), sodass in jedem Zellzyklus HsORC neu an die Replikationsursprünge binden muss (Siddiqui und Stillman, 2007). Ob jedoch der gesamte HsORC-Komplex vollständig vom Chromatin nach der DNA-Replikation dissoziiert wird kontrovers diskutiert, da in einigen Arbeiten eine Chromatinassoziation von HsOrc2-5 auch in der G2/M-Phase beobachtet wurde (Mendez und Stillman, 2000; Ritzi et al., 1998).

1.3.2 Das Cdc6-Protein

Bei der Regulation der pre-RC-Ausbildung und der Initiation der DNA-Replikation übernimmt Cdc6 eine entscheidende Rolle. Dieses, in Hefe erstmals beschriebene Protein (Hartwell 1973, 1976) ist hochkonserviert und konnte in allen bislang untersuchten höheren Eukaryoten gefunden werden. Abbildung 2 zeigt eine schematische Darstellung des humanen Cdc6-Proteins. Cdc6 gehört zu der AAA^+-Proteinfamilie und besitzt Orc1-homologe Bereiche (Bell et al., 1995; Muzi-Falconi und Kelly, 1995). Für die Funktion von Cdc6 sind die für ATP-Bindung und Hydrolyse verantwortlichen Walker A- und Walker B-Motive von großer Bedeutung. So verhindert in *S. pombe* eine Mutation des Walker A-Motivs den Eintritt in die S-Phase, wohingegen Zellen mit einem mutierten Walker B-Motiv in die S-Phase eintreten, diese aber nicht abschließen können (DeRyckere et al., 1999; Liu et al., 2000). In *S. cerevisiae* beeinflussen Mutationen der Walker A- und B-Motive die Ladung der MCM2-7-Proteine, nicht aber die Assoziation von ScCdc6 an Origins (Perkins und Diffley, 1998; Weinreich et al., 1999). Jüngere Arbeiten zeigten einen Zusammenhang zwischen der ScCdc6 ATPase-Aktivität und der sequenzspezifischen Bindung des pre-RCs an Origins (Speck und Stillman, 2007). Dabei wird durch die Bindung von ScORC-Cdc6 an Origin-DNA die Cdc6-ATPase Aktivität unterdrückt, was zu einer Stabilisierung des Komplexes an DNA führt. In Abwesenheit von DNA oder bei der Bindung an nicht-Origin-DNA führt die relativ hohe Cdc6 ATPase-Aktivität zur Dissoziation des ORC-Cdc6-Komplexes (Speck und Stillman, 2007). In humanen Zellen führen Mutationen des Walker A-Motivs zur Inhibition der ATP-Bindung und Hydrolyse, wohingegen die Mutation des Walker B-Motivs nur die ATP-Hydrolyse behindert (Herbig et al., 1999).

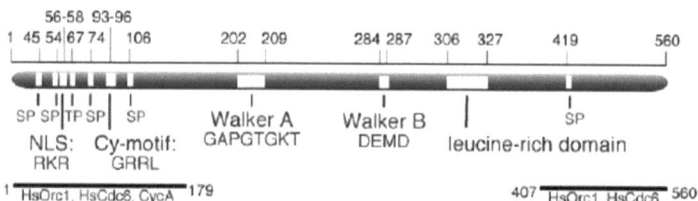

Abb. 2 Schematische Darstellung des HsCdc6

Gezeigt sind sechs potentiellen CDK-Phosphorylierungsstellen (Serin: SP und Threonin: TP), das N-terminale Kernlokolisierungssignal (NLS), das Cyclin-Bindemotiv (Cy-motif), die für ATP-Bindung/-Hydrolyse verantwortlichen Walker A- und Walker B-Motive, eine Leucin-reiche Domäne in der die Kern-Export-Sequenz liegt und Peptide, die für die Bindung von HsOrc1, HsCdc6 und CyclinA verantwortlich sind (entnommen aus: Herbig et al., 2000).

Die Injektion der beiden mutierten Proteine in HeLa-Zellen inhibiert die DNA-Replikation, was darauf schließen lässt, dass sowohl die ATP-Bindung als auch die ATP-Hydrolyse essentiell für die HsCdc6 Funktion sind. In allen Spezies ist eine CDK-abhängige Phosphorylierung für die Regulation der Cdc6-Funktion verantwortlich. Jedoch gibt es in unterschiedlichen Organismen unterschiedliche Mechanismen. In *S. pombe* und *S. cerevisiae* führt die Phosphorylierung von Cdc6 am Übergang von der G1- zur S-Phase zu einer SCF-abhängigen Ubiquitinylierung und zur Degradation (Bell und Dutta, 2002). Das über die S-Phase weitgehend stabile Cdc6 in Säugetieren wird in der Mitose für den Abbau durch eine Ubiquitin-Ligase, den „Anaphase-promoting complex" (APC^{CDH1}), markiert (Mendez und Stillman, 2000; Petersen et al., 2000). In humanen Zellen bewirkt die CDK-abhängige Phosphorylierung eine Translokation von endogenem und überexprimiertem HsCdc6 aus dem Nukleus ins Cytoplasma (Petersen et al., 1999; Saha et al., 1998). Neben einem Kernlokalisationssignal (NLS) besitzt Cdc6 auch eine Kern-Export-Sequenz (NES) im C-terminalen Bereich (Delmolino et al., 2001). Sowohl in Säugetierzellen als auch in *X. laevis*-Zellen wird der Export von Cdc6 auf eine CyclinA-Cdk2 abhängige Phosphorylierung zurückgeführt (Coverley et al., 2000; Jiang et al., 1999; Pelizon et al., 2000; Petersen et al., 1999). Weitere Studien in *D. melanogaster*, *S. cerevisae* und chinesischen Hamster-Zellen zeigten jedoch, dass endogenes Cdc6 (im Gegensatz zu überexprimiertem Cdc6) auch in der S-Phase nicht aus dem Nukleus ausgeschleust wird (Alexandrow und Hamlin, 2004; Coverley et al., 2000; Crevel et al., 2005; Eward et al., 2004; Fujita et al., 2002; Luo et al., 2003; Mendez und Stillman, 2000; Okuno et al., 2001). Zudem ist auch diese endogene, an Chromatin-assoziierte Cdc6-Population phosphoryliert (Alexandrow und Hamlin, 2004). Studien über die Funktion der CyclinA-Cdk2 abhängigen Phosphorylierung von Cdc6 bei der Initiation der DNA-Replikation zeigten ebenfalls kontroverse Ergebnisse. So führt die Mutation der N-terminalen Cdc6-Phosphorylierungsstellen in manchen Arbeiten zur Inhibition der DNA-Replikation (Herbig et al., 2000; Jiang et al., 1999), in anderen jedoch nicht (Pelizon et al., 2000; Petersen et al., 1999). Untersuchungen mit permanent phosphoryliertem HsCdc6-Mutanten zeigten, dass die Initiation der DNA-Replikation stattfindet, jedoch keine Re-Replikation aufgrund der Phosphorylierung auftritt (Pelizon et al., 2000; Petersen et al., 1999).

Die hier beschriebenen Studien lassen den tatsächlichen Effekt der CyclinA-Cdk2 Phosphorylierung von Cdc6 in Vertebraten weitgehend ungeklärt. Im Gegensatz dazu verhindert die HsCdc6-Modifikation durch CyclinE-Cdk2 in Zellen, die aus der G_0-Phase in den Zellzyklus eintreten, die Bindung von APC. Durch die so vermittelte Stabilisierung von HsCdc6 wird ein Zeitfenster geschaffen, in dem der pre-RC ausgebildet werden kann (Mailand und Diffley, 2005).

1.3.3 Das Cdt1-Protein

Ein weiteres wichtiges Protein für die Regulation der pre-RC-Ausbildung und dem Verhindern von Re-Replikation ist das Cdt1-Protein. Es wurde als erstes in der Hefe *S. pombe* entdeckt (Hofmann und Beach, 1994) und konnte später in *S. cerevisiae* sowie in allen höheren Eukaryoten als hochkonserviertes Protein identifiziert werden (Hefe: (Devault et al., 2002; Tanaka und Diffley, 2002); Frosch: (Maiorano et al., 2000b); *Drosophila*: (Whittaker et al., 2000); Mensch: (Wohlschlegel et al., 2000)). Cdt1 ist Bestandteil des pre-RCs und assoziiert ORC-abhängig an Chromatin (Maiorano et al., 2000b). Des Weiteren konnte eine direkte Interaktion mit Cdc6 (Cook et al., 2004; Nishitani et al., 2000) und dem MCM-Komplex (Tanaka und Diffley, 2002) nachgewiesen werden. Ob die Assoziation von Cdt1 an Chromatin Cdc6 abhängig ist, wird kontrovers diskutiert. So assoziiert beispielsweise in *X. laevis* (Maiorano et al., 2000b) und *S. pombe* (Nishitani et al., 2000) Cdt1 auch in Abwesenheit von Cdc6 an Chromatin. Für die Funktion von ScCdt1 bei der pre-RC-Ausbildung ist ScCdc6 jedoch essentiell (Randell et al., 2006). Die Beobachtung in *S. cerevisiae*, dass Cdt1 mit dem MCM-Komplex interagiert, zusammen mit Studien über die Assoziations-Kinetiken der pre-RC-Komponenten an Origin-DNA legen nahe, dass Cdt1 und MCM2-7 zusammen als Komplex an Origins rekrutiert wird (Randell et al., 2006).

Die Funktion des Cdt1-Proteins wird auf zwei Weisen reguliert. Zum einen wird die Menge an Cdt1 über Degradation kontrolliert und zum anderen wird die Aktivität von Cdt1 über den spezifischen Inhibitor Geminin reguliert. Geminin ist ein Substrat des APCs und akkumuliert in Zellen während der S-Phase bis zur Mitose (McGarry und Kirschner, 1998; Tada et al., 2001; Wohlschlegel et al., 2000). In Studien in Säugetierzellen, die jedoch nicht die pre-RC-Ausbildung untersuchen, verhindert die Zugabe von Geminin die Interaktion zwischen Cdt1 und MCM sowie Cdc6 (Cook et al., 2004; Yanagi et al., 2002). Arbeiten in *Xenopus* zeigen, dass Geminin zu einer Stabilisierung von Cdt1, ORC und Cdc6 auf Chromatin führt und die MCM2-7 Ladung verhindert (Gillespie et al., 2001; Tada et al., 2001; Wohlschlegel et al., 2000). Zudem wird Geminin nach der pre-RC-Ausbildung in der späten G1-Phase in den Nukleus importiert (Hodgson et al., 2002; Yoshida et al., 2005).

1.3.4 Der MCM2-7-Komplex

Die MCM-Proteine wurden in der Hefe *S. cerevisiae* als Faktoren identifiziert, die den Erhalt von extrachromosomaler DNA, so genannte Minichromosomen gewährleisten (MCM, „minichromosome maintanance") (Tye, 1999b). Sechs dieser MCM-Proteine zeigen vor allem in einer 200 Aminosäure langen zentralen Region Homologie auf, die Variationen von Walker A- und Walker B-Motiven beinhalten (Koonin, 1993; Neuwald et al., 1999). Die, aufgrund dieser

Homologie zu der Familie der AAA$^+$-ATPasen gehörenden MCM2-7-Proteine unterscheiden sich in der N- und C-terminalen Region voneinander, wobei jede einzelne Untereinheit in allen eukaryotischen Organismen hochkonserviert ist (Tye, 1999a). Die Untereinheiten MCM2-7 bilden einen Heterohexameren-Komplex (Adachi et al., 1997) und schließen durch die Bindung an ORC, Cdc6 und Cdt1 die Ausbildung des pre-RCs ab. Zahlreiche Studien in eukaryotischen Zellen deuten darauf hin, dass der MCM2-7-Komplex Teil der replikativen DNA-Helikase ist (Chong et al., 1995; Kubota et al., 1997; Labib et al., 2000; Pacek und Walter, 2004; Shechter et al., 2004; Takahashi et al., 2005; Tanaka et al., 1997; Yan et al., 1993). Unterstützt wird diese Theorie durch Experimente in Hefe und HeLa-Zellen, bei denen mit Hilfe von Chromatin-Imunopräzipitationen (ChIP) gezeigt wurde, dass MCM2-7-Komplexe am G1/S-Phase-Übergang an Origins assoziiert vorliegen, sich im Verlauf der S-Phase jedoch von ihnen entfernen (Abdurashidova et al., 2003; Aparicio et al., 1997; Schaarschmidt et al., 2002). Die Regulation der MCM2-7-Aktivität erfolgt über Phosphorylierung durch die Kinasen DDK und CDK, wodurch die S-Phase eingeleitet wird (Masai et al., 2005). In *in vitro* Studien zeigte ein gereinigter MCM2-7-Komplex jedoch keine DNA-Helikaseaktivität, was darauf hindeutet, dass zur Aktivierung der Helikase-Aktivität die Assoziation weiterer Faktoren notwendig ist (Kaplan et al., 2003; Kaplan und O'Donnell, 2004). Aktuelle Studien sprechen dafür, dass der Komplex aus Cdc45, MCM2-7 und GINS die aktive prozessive DNA-Helikase ist (Aparicio et al., 2006; Gambus et al., 2006; Moyer et al., 2006). Nach der erfolgten Replikation werden die MCM2-7-Komplexe vom Chromatin abgelöst (Bell und Dutta, 2002; Hyrien et al., 2003; Kelly und Brown, 2000; Ritzi und Knippers, 2000; Tye, 1999a) und eine Reassoziation der MCM2-7-Komplexe an Chromatin kann erst wieder nach erfolgter Mitose stattfinden (Lei und Tye, 2001).

Der Mechanismus, wie die DNA am Origin durch den MCM2-7-Komplex entwunden wird, ist jedoch immer noch unklar. Zum einen könnte einer der beiden DNA-Stränge vom MCM2-7-Komplex umschlossen werden und, durch Ausschluss des anderen Strangs, die DNA entwunden werden (Kaplan et al., 2003). Zum anderen könnte MCM2-7 den DNA-Doppelstrang umschließen und beispielsweise durch die koordinierte Rotation mehrerer MCM2-7-Komplexe zu einer Entwindung durch topologischen Stress führen (Laskey und Madine, 2003).

1.4 *In vitro* DNA-Replikationssysteme

Die mechanistische und biochemische Untersuchung der eukaryotischen DNA-Replikation wurde ab den 80er Jahre durch die Entwicklung zellfreier Systeme stark erleichtert. Solche *in vitro* Replikationssysteme führten zur Identifizierung und Charakterisierung vieler an der Elongation beteiligter Proteine. Zunächst wurden Virus-basierte Systeme für die Untersuchung der eukaryotischen DNA-Replikation entwickelt, die das Studium der direkt an der DNA-Synthese beteiligten zellulären Proteine ermöglichten. In diesen Systemen ist jedoch die Zugabe von viralen Proteinen zur Initiation der DNA-Replikation essentiell und somit eine Untersuchung der zellulären Initiationsproteine nicht möglich. In dem von Li und Kelly 1984 entwickeltem *in vitro* Replikationssystem werden Plasmide, die den Simian Virus 40 (SV40) Origin der DNA-Replikation tragen, durch Zugabe von löslichen Extrakten aus Affenzellen, die zelluläre Faktoren für die DNA-Synthese bereitstellen, und dem SV40 großen Tumor Antigen (T-Ag), welches als Initiator dient, repliziert (siehe 1.4.1) (Li und Kelly, 1984). Die Weiterentwicklung dieses Systems führte zur Identifizierung vieler menschlichen Replikationsproteine und ermöglichte auch die Identifizierung homologer Proteine aus anderen eukaryotischen Spezies. Diese Arbeiten zeigten, dass die grundlegende Replikationsmaschinerie in allen Eukaryoten, von Hefe bis Mensch, konserviert ist. In den 90er Jahren wurden *in vitro* Replikationssysteme mit Extrakten aus verschiedenen eukaryotischen Zellen entwickelt. Dabei sollten die Extrakte die Funktion der viralen Proteine bei der Initiation der DNA-Replikation übernehmen. Einen Einblick in diese Vielzahl an verschiedenen Systemen gibt Abschnitt 1.4.2.

1.4.1 Das SV40 *in vitro* DNA-Replikationssystem

Mehrere Arbeitsgruppen beschrieben Systeme, in denen DNA, die den SV40-Origin besitzen (Ariga und Sugano, 1983; Li und Kelly, 1984; Stillman und Gluzman, 1985; Wobbe et al., 1985) aber auch Chromatin, das den SV40-Origin trägt (Cheng und Kelly, 1989; Smith und Stillman, 1989; Stillman, 1989) in Abhängigkeit von SV40 T-Ag *in vitro* repliziert werden kann. T-Ag besitzt in diesen Systemen die Funktion des Initiators. Es bindet sequenzspezifisch an den SV40-Origin der DNA-Replikation und besitzt eine ATP-abhängige Helikase-Aktivität (Stahl et al., 1986; Stahl et al., 1985). Als großes Homooligomer, das in Anwesenheit von ATP aus zwei T-Ag Hexameren entsteht (Tsurimoto et al., 1989), führt es zur lokalen Entwindung der DNA am SV40-Origin und wird nach der Initiation der DNA-Replikation durch zelluläre Proteine auch für die Elongation benötigt (Borowiec et al., 1990; Stahl et al., 1986; Stahl et al., 1985). Durch die Fraktionierung des cytosolischen Extrakts wurden essentielle Komponenten für die Replikation der Plasmid DNA in diesem System identifiziert. So konnte RPA („replication protein A") als Einzelstrang-DNA-Bindeprotein, das die durch T-Ag entwundene DNA stabilisiert, aufgereinigt und charakterisiert werden (Fairman und Stillman, 1988; Wold und Kelly, 1988). Bei der Untersuchung der Polymeraseaktivität wurde der DNA Polymerase α/ Primase-Komplex, der für die Synthese von RNA Primern verantwortlich ist (Fairman und Stillman, 1988; Stillman, 1992; Wold et al., 1989) und die DNA Polymerase δ (Weinberg und Kelly, 1989) identifiziert. Diese beiden Polymerasen

sind für die Rückwärtsstrangsynthese verantwortlich wobei die Vorwärtsstrangsynthese durch die DNA Polymerase δ (Morrison et al., 1990) vermittelt wird (Nick McElhinny et al., 2008). Das SV40 *in vitro* Replikationssystems führte zur Identifizierung weiterer, für die Replikation essentielle Proteine wie dem Hilfsprotein PCNA („proliferating cell nuclear antigen") (Prelich et al., 1987) und dem RF-C („replication factor C") (Tsurimoto und Stillman, 1989) identifiziert. Für die Entfernung der RNA-Primer und die Verknüpfung der Okazaki-Fragmente sind die RNase H (Turchi et al., 1994), die FEN-1-Exo-/Endonuklease (Goulian et al., 1990; Ishimi et al., 1988; Turchi und Bambara, 1993; Waga et al., 1994) sowie die DNA Ligase (Ishimi et al., 1988; Waga et al., 1994) verantwortlich, deren Charakterisierung ebenfalls mit Hilfe des SV 40 *in vitro* Systems gelang. Die durch die Helikaseaktivität von T-Ag entstehenden Torsionsspannungen werden durch die Aktivität der DNA Topoisomerasen I und II aufgelöst und die beiden DNA Tochtermoleküle voneinander getrennt (Ishimi et al., 1988; Waga et al., 1994; Weinberg et al., 1990).
In diesem System stellt also der cytosolische Extrakt die Funktionen zur DNA-Strangsynthese während der Elongationsphase bereit, wobei das virale T-Ag als Initiatorprotein zur spezifischen Bindung an den SV40-Origin und zur lokalen Entwindung der DNA benötigt wird (Stillman, 1989).

1.4.2 Nicht-virale *in vitro* DNA-Replikationssysteme

Wie das SV40 *in vitro* Replikationsystem zeigt, sind lösliche Systeme zur Aufklärung eukaryotischer Replikationsmechanismen hervorragend geeignet. Zur Aufklärung der Mechanismen bei der Initiation der DNA-Replikation ist es jedoch notwendig die Funktionen, die das T-Ag übernimmt, auch durch zelluläre Faktoren aus den eukaryotischen Extrakten zu ersetzten. Schon die Zellfusionsexperimente von Rao und Johnson zeigten 1970, dass G1-, nicht aber G2-Phase-Kerne ihre chromosomale DNA in einem S-Phase spezifischen Umfeld frühzeitig replizieren (Rao und Johnson, 1970). Mit dem Ziel die Plasmamembran der fusionierten Zelle durch die Wände eines Reaktionsgefäßes zu ersetzten wurden *in vitro* Replikationssysteme entwickelt, in denen G1-Phase-Kerne in Abhängigkeit von *Xenopus*-Extrakten (Blow und Laskey, 1986; Gilbert et al., 1995), HeLa-Extrakten (Krude et al., 1997) oder Hefe Extrakten (Pasero et al., 1997) zellzyklusabhängig repliziert werden. Studien mit Protein-freier DNA, die in Abhängigkeit von aktivierten *Xenopus*-Extrakten repliziert wird zeigten, dass zuerst kernähnliche Strukturen ausgebildet werden, bevor die Replikation eingeleitet wird. Die Initiation erfolgte in diesen Experimenten sequenzunspezifisch (Blow und Laskey, 1986; Gilbert et al., 1995; Hyrien und Mechali, 1992; Mahbubani et al., 1992). Eine sequenzspezifische Initiation am DHFR-Origin wurde hingegen in Kernen aus CHO-Zellen beobachtet, die mit cytosolischen Extrakten aus Xenopus-Eiern inkubiert wurden (Wu et al., 1997). Wie Depletionsperimente zeigten, ist bei diesen *in vitro* Systemen die Effizienz der

Initiationsereignisse von der Gegenwart der Kernmembran abhängig (Blow und Laskey, 1986; Newport, 1987; Pasero et al., 1997; Pasero und Gasser, 1998). Basierend auf diesen Beobachtungen wurde lange Zeit vermutet, dass eine kernähnliche Struktur zur Initiation der DNA-Replikation nötig ist.

Die Entwicklung vollständig löslicher Replikationssysteme, die unabhängig von Membranstrukturen sind, ist immer noch Bestandteil intensiver Forschung. Eine von Kernmembranstrukturen unabhängige jedoch sequenzunspezifische *in vitro* Replikation von Plasmid-DNA wird in Studien gezeigt, in denen der Kernextrakt sehr konzentriert eingesetzt wird (Braguglia et al., 1998; Walter und Newport, 1997; Walter et al., 1998). In einem sehr effizienten *in vitro* System, welches auf membranfreien cytosolischen und hoch konzentrierten Kernextrakten aus *Xenopus*-Eiern basiert, kann Froschsperma-Chromatin sowie proteinfreie Plasmid-DNA repliziert werden. Dieses System führte zur Charakterisierung wichtiger Replikationsfaktoren wie Cdt1 (Maiorano et al., 2000b) und Mcm8 (Maiorano et al., 2005). Dieses, auf embryonalen Extrakten basierende System hat den Vorteil, dass die Extrakte große Mengen an Initiatorproteinen wie ORC und MCM besitzen. Adulte Säugerzellen haben hingegen nur eine limitierte Menge dieser Proteine. Dennoch gelang es *in vitro* Replikationssysteme zu entwickeln, die vollständig auf löslichen Proteinen aus Säugerzellen basieren (Berberich et al., 1995; Pearson et al., 1991; Zannis-Hadjopoulos et al., 1994). Für eine optimale DNA-Synthese sind hierbei cytosolische Extrakte und Hochsalz-Kernextrakte notwendig. Die Replikationseffizienz der Plasmid-DNA (mit eukaryotischen Elementen) in diesen Experimenten beträgt jedoch unter vergleichbaren biochemischen Bedingungen nur 1-3% von der, die mit T-Ag und SV40-DNA beobachtet wird (Berberich et al., 1995; Pearson et al., 1991; Zannis-Hadjopoulos et al., 1994). Diese Beobachtung kann damit erklärt werden, dass der Initiator T-Ag in hohen Konzentrationen zugegeben wird und mehrere Aufgaben bei der Initiation übernimmt, wobei keine Koordination mit anderen Faktoren notwendig ist. Die zellulären Faktoren hingegen, welche die Aufgaben des T-Ag's übernehmen, werden sehr verdünnt in die Reaktionen eingesetzt. Zudem bedarf es einer komplexen Koordination der mehr als ein Dutzend zellulären Initiatorfunktionen um an definierte Stellen des Plasmids zu binden und die DNA-Replikation einzuleiten.

Einige der hier zitierten Arbeiten beschreiben vollständig lösliche *in vitro* Replikationssystem mit Extrakten aus menschlichen Zellen (Berberich et al., 1995; Pearson et al., 1991; Zannis-Hadjopoulos et al., 1994). Die Ergebnisse dieser Arbeiten können jedoch nicht allen Anforderungen standhalten, die an ein korrektes *in vitro* Replikationssystem gestellt werden. Das System muss von den Polymerasen δ, ϵ und Pol α/Primase abhängig sein, wobei die *in vitro* Replikation zellzyklusabhängig stattfindet (Stillman, 1996) und von ORC abhängig ist. Zudem wird in den Arbeiten nicht zwischen dem Einbau von Nukleotiden in hochmolekulare DNA aufgrund von Replikation oder

Reparatur unterschieden. Die Erfüllung dieser Anforderungen würde ein vollständig lösliches *in vitro* Replikationssystem zu einem wertvollen Werkzeug machen, dass nicht nur mechanistische Studien der essentiellen Faktoren bei der Initiation ermöglicht, sondern auch die Untersuchung der Regulation dieser Abläufe erlauben würde.

Die Entwicklung löslicher *in vitro* Replikationssysteme wurde in den letzten Jahren durch neue Ansätze, welche die Studie der pre-RC Ausbildung auf immobilisierter DNA erlaubt vorangetrieben. Die Methode beruht auf Arbeiten mit Extrakten aus *S.cerevisiae*, die nach einer Inkubation mit DNA-gekoppelten paramagnetischen Beads zu einer Ausbildung von ORC, Cdc6 und MCM2-7 Proteinen führt. Dabei ist die Reaktion abhängig von DNA mit einer ACS und benötigt ATP (Seki und Diffley, 2000). Das System wurde unter Verwendung von *Xenopus*-Eiextrakten weiterentwickelt und ermöglicht die Studie der dynamischen Ausbildung des gesamten pre-RCs auf immobilisierten Plasmiden (Waga und Zembutsu, 2006). Zudem zeigte eine weitere Arbeit, dass in diesem System Replikationsgabeln ausgebildet werden und die DNA-Replikation eingeleitet wird (Zembutsu und Waga, 2006). Für die Studie der ersten Schritte bei der Initiation der DNA-Replikation sind diese Systeme hervorragend geeignet, da sie von Faktoren der Elongation und der Termination unabhängig sind. Die Entwicklung eines solchen Plasmid-Bindungssystems basierend auf Extrakten aus humanen Zellen ist jedoch bis heute nicht beschrieben.

1.5 Zielsetzung

Bevor sich eine Zelle teilt muss das Erbmaterial vollständig und exakt dupliziert werden. Dieses grundlegende Ereignis der DNA-Replikation unterliegt in eukaryotischen Zellen einer zellzyklusabhängigen Regulation, wobei die Ausbildung des prä-Replikationskomplexes in der G1-Phase stattfindet und die Replikation am Übergang zur S-Phase eingeleitet wird. Die Aufklärung der dabei zugrunde liegenden Mechanismen ist Bestandteil intensiver Forschung und konnte durch die Entwicklung von *in vitro* Replikationssystemen entscheidend vorangetrieben werden. Systeme, die in Abhängigkeit eines viralen Initiators die DNA-Replikation einleiten führten zur Aufklärung der Mechanismen während der DNA-Synthese. Zur Analyse der eukaryotischen Initiation sind jedoch Ansätze notwendig, die ausschließlich auf zellulären Proteinen basieren. Zahlreiche solcher *in vitro* Replikationssysteme wurden entwickelt, jedoch konnte bis heute kein vollständig lösliches auf menschlichen Extrakten basierendes System entwickelt werden. Ein solches System ist für die Untersuchung der Mechanismen und der Koordination der einzelnen Schritte bei der Ausbildung des prä-Replikationskomplexes (pre-RC) und der Initiation der DNA-Replikation unabdingbar.

Ziel der vorliegenden Arbeit war, ein aus dem SV40 *in vitro* Replikationssystem abgeleitetes, Virus-freies und lösliches *in vitro* System zu etablieren und weiterzuentwickeln, welches die Analyse der DNA-Replikation in Extrakten aus HeLa-Zellen erlaubt. Mit Hilfe dieses somatischen Systems sollten die regulatorischen Mechanismen, die für die zellzyklusabhängige Initiation der DNA-Replikation essentiell sind, charakterisiert werden. Durch die Entwicklung eines humanen Plasmid-Bindungssystems mit Kernextrakten aus HeLa-Zellen sollten die einzelnen Schritte bei der sequentiellen Ausbildung des pre-RCs unabhängig von der Initiation der DNA-Replikation biochemisch charakterisiert werden. Die Herstellung rekombinanter Proteine sollte zudem zur Aufklärung der Rolle von HsOrc6 bei der Bindung des humanen „Origin recognition Complex" (ORC) an DNA und der pre-RC Ausbildung beitragen.

2 Material

2.1 Antikörper

Die in dieser Arbeit gezeigten Western Blot-Analysen sowie die Immunpräzipitationen wurden mit den in Tabelle 1 aufgeführten Antikörpern durchgeführt.

Spezifität	Spezies, sonstiges	Bezugsquelle	Verdünnung
	primäre Antikörper		
Cyclin A	Maus, SG19, IP	S. Geley, Innsbruck *	1:200
IgG Ratte	Kaninchen, monoklonal, IP	Dianova	
EBNA1	Ratte, 1H4, IP	E. Kremmer, GSF	1:200
Cyclin E	Maus, Ab-3 monoklonal, WB	Sigma	1:1000
CyclinA	Maus, Ab-6, monoklonal, WB	Neomarkers	1:1000
CyclinB1	Maus, V152, WB	Cell Signaling Tech.	1:2000
Orc1	Ratte, 7A7, monoklonal, WB	E. Kremmer, GSF	1:20
Orc2	Kaninchen, WB	eigene	1:1000
Orc4	Maus, monoklonal, WB	BD Pharmingen	1:2000
Orc6	Ratte, 3A4, IP, WB	E. Kremmer, GSF	1:200
Cdc6	Maus, Ab3, WB	Calbiochem	1:1000
Mcm3	Kaninchen, polyklonal, WB	eigene	1:1000
Mcm7	Kaninchen, WB	eigene	1:1000
Cdt1	Ratte, WB	Labor R. Knippers	1:200
	sekundäre Antikörper		
IgG Ratte	Ziege, HRP,IgG	Promega	1:10000
IgG Maus	Ziege, HRP,IgG	Dianova	1:10000
IgG Kan.	Ziege, HRP,IgG	Dianova	1:10000

Tabelle 1 Antikörper
Für Western Blot-Analysen (WB) beziehungsweise Immunpräzipitation (IP) wurden die Antikörper in den angegebenen Verdünnungen eingesetzt. *Medizinische Universität Innsbruck

2.2 Enzyme

Die in dieser Arbeit verwendeten Restriktionsendonuklease stammen von New England Biolabs (NEB) bzw. Fermentas. Die GoTaq™ DNA Polymerase wurde von Promega bezogen. Die *PfuUltra*® High-Fidelity DNA-Polymerase stammt von Stratagene, die Shrimps alkalische Phosphatase (SAP) von Fermentas, die T4-DNA-Ligase von Roche und die --PPase von NEB.

2.3 Genotyp der verwendeten Bakterienstämme

DH5◊ F- lacl-, recA1, endA1, hsdR17, Δ((lacZYA-argF), U169, F80dlacΔM15, supE44, thi-1, gyrA96, relA1 (Hanahan, 1985)

Rosetta(DE3) F- ompT hsdSB(rB-mB-) gal dcm (DE3) pLysSRARE (argU+, argW+, cam+, ileX+, glyT+, leuW+, proL+) (Novagen)

DH10Bac™ F- *mcr*A Δ(*mrr-hsd*RMS-*mcr*BC) φ80*lac*ZΔM15 ΔlacX74 *rec*A1 *end*A1 *ara*D139 Δ(*ara, leu*)7697 *gal*U *gal*K λ- *rps*L *nup*G/bMON14272/pMON7124 (Invitrogen)

2.4 Größenstandard

Als DNA-Längenmarker wurde die GeneRuler™ 1kb DNA-Leiter von Fermentas verwendet. Als Protein-Größenmarker wurde die BenchMark Protein-Leiter von Invitrogen verwendet.

2.5 Nukleinsäuren

Alle in dieser Arbeit verwendeten Oligonukleotide wurden von der Firma Sigma synthetisiert. Die Sequenzen der PCR-Primer sind in Tabelle 2 angegeben.

Name	Sequenz (5'-3')
Orc6-pET28a-for	TTT**CATATG**GGGTCGGAGCTGATCG
Orc6-S72A-K76A-lower	GACAGCTCTGATATGTCTC**CGC**GTTCAAACC**AGC**AAGTT TAATTAAATAAGCCC
Orc6-pET21a-*Not1*-reverse	GAGT**GCGGCCGC**CTCTGC
M13-forward (-40)	GTTTTCCCAGTCACGAC
M13-reverse	CAGGAAACAGCTATGAC

Tabelle 2 Verwendete Oligonukleotidprimer
Für die Orc6-Mutagenese wurden die Primer Orc6-pET28a-for (*NdeI*-Schnittstelle dickgedruckt), Orc6-S72A-K76A-lower (Mutationen sind dickgedruckt und unterstrichen), Orc6-pET21a-*Not1*-reverse (*Not1*-Schnittstelle dickgedruckt) verwendet. Zur Kontrolle der Tromsposition bei der Herstellung der Cdc6-Baculoviren wurden die Primer M13-forward (-40) und M13-reverse in der Kolonie-PCR eingesetzt.

2.6 Reagenzienkits

QIAprep Spin Miniprep Kits (Qiagen)
CloneJET™ PCR Cloning Kit (Fermentas)
Bac-to-Bac Baculovirus Expressionssysystem (Invitrogen)
NucleoSpin Extract II" Extraktionskit (Macherey und Nagel)
Dynabeads® KilobaseBINDER™ Kit (Dynal)

2.7 Zelllinien

HeLa S3	Zervixplattenepithel-Karzinom-Zelllinie (Puck und Marcus, 1955) adaptiert für das Wachstum in Suspension
Sf9	immortalisierte Spodoptera frugiperda Ovarzellen
BTI-Tn-5Bl-4	Insektenzellen (High Five™, Invitrogen)

2.8 Chemikalien, Geräte und sonstiges

Applichem, Darmstadt
Grace's-Insektenmedium, TNM-FH-Insektenmedium

Amersham Biosciences
Deoxyadenosine 5'-(alpha-32P)-triphosphate (3000 Ci/mmol)

Carl Roth GmbH und Co KG
Acrylamid, Natriumdodecylsulfat, Phenol, Roti-Block, Spectra/Por 6 Dialyse-Membran (MWCO 3500 kDa, Durchmesser 11,5 mm)

Difco Laboratories, Detroit, Michigan, USA
Bacto-Agar, Hefeextrakt, Trypton

Eppendorf Gerätebau, Hamburg
BioPhotometer, Reaktionsgefäße verschiedener Größe, Tischzentrifuge 5415

Fujifilm, Düsseldorf
Imaging Plate BAS-MS2040, Fuji Phosphoimager FLA-5100

General Electric Healthcare, München
ECL-Western Blotting Analyse System, HybondTM-ECL-Zellulosemembran, Protein A-Sepharose, Protein G-Sepharose

Hoefer Scientific Instruments, San Francisco, USA
Mighty Small II Gel Elektrophorese Einheit, SemiPhor, Semidry Blottingsystem, SLAB Gel Dryer; Model: GD2000

Invitrogen GmbH, Karlsruhe
fötales Kälberserum, HEPES, L-Glutamin, Natrium-Pyruvat, Penizillin, Streptomyzin, Trypsin-EDTA (1x), Trypton, Na-Bicarbonat, Yeastolat, Pluronic, Zellkulturmedium DMEM, CellFECTIN Transfektionsreagenz,

Macherey-Nagel, Düren
NucleoSpin Extract II Kit

MBI Fermentas, St. Leon-Rot
Restriktionsenzyme, DNA-Leiter-Mix

Merck-Eurolab GmbH
Ethylendiamintetraessigsäure (EDTA), Ammoniumperoxodisulfat (APS), Essigsäure, Ethidiumbromid, Ethanol, Glucose, Glycerol, Isopropanol, Kaliumacetat, Kaliumchlorid, Kaliumdihydrogenphosphat, Lithiumchlorid, Magnesium-chlorid, Magnesiumsulfat, Natriumacetat, Natriumchlorid, Natriumdihydrogenphosphat, Natriumdodecylsulfat (SDS), Salzsäure, Saccharose, Tetramethylendiamin (TEMED)

Millipore, Frankreich
Wasservollentsalzungsanlage Milli-RO 60 PLUS
Nunc GmbH, Wiesbaden
Plastikpetrischalen, Zellkulturflaschen, Zellkulturschalen, 6 Loch Platten
New England Biolabs, Schwalbach
Restriktionsenzyme, DNA modifizierende Enzyme
PAA Laboratories, Wien
G418-Sulfat (Neomyzin)
PE Biosystems, Weiterstadt
PCR-Reaktionsgefäße
Peqlab, Erlangen
Reaktionsgefäße, Elektrophorese-Kammern
Pierce, Rockford
BCA Protein Assay
Promega, Mannheim
Antikörper, GoTaq-Polymerase, Taq-Puffer, dNTP's
Qiagen, Hilden
Nickel-NTA-Agarose
Roche Diagnostics GmbH, Mannheim
dNTPs, Tris-(hydroxymethyl)-aminomethan (TRIS), alkalische Phosphatase, RNase I, Klenow-Fragment, complete Protease Inhibitor EDTA free
Sigma Chemie, München
Ampicillin, Bromphenolblau, DMSO, Dithiothreitol (DTT), HEPES, Harnstoff, Natriumfluorid, Natriummolybdat, Natriumorthovanadat, Natriumpyrophosphat, Phenylmethylsulfonylfluorid (PMSF), Monolaurat (Tween-20), Rinderserumalbumin (BSA), Kreatinphosphat, Kreatinkinase
Schleicher & Schuell, Dassel
Filtereinheit 1,2 µm
Vector Laboratories,
PHOTOPROBE (S-S) Biotin

3 Methoden

3.1 Standardmethoden

- Western-Blot-Analyse mit monospezifischen Antikörpern (Harlow und Lane, 1988) mittels Peroxidase-gekoppelten sekundären Antikörpern (ECL Western Blotting Protokoll, Amersham Life Science, 1994).
- Plasmidpräparation durch alkalische Lyse (Birnboim, 1983).
- Herstellung kompetenter *E. coli* und Transformation von *E. coli.* nach Inoue (Sambrook und Russell, 2001).
- Fluorimetrische DNA-Konzentrationsbestimmung (Protokoll der Firma Höfer).
- Ethanol- bzw. Isopropanolfällung von DNA (Sambrook und Russell, 2001).
- Elektrophorese von Proteinen in SDS-Polyacrylamidgelen (Laemmli, 1970).
- Elektrophorese von DNA in Agarosegelen (Sambrook und Russell, 2001).
- DNA-Reinigung über Phenol-Chloroform- / Isoamylalkohol-Extraktion (Sambrook und Russell, 2001).
- Coomassie-Färbung von SDS-PAA-Gelen (Bramhall et al., 1969).
- Bestimmung der Proteinkonzentration (Bradford, 1976).
- Reinigung von DNA mittels Gleichgewichtszentrifugation in Anwesenheit von Cäsiumchlorid und Ethidiumbromid (Sambrook und Russell, 2001).
- Silberfärbung von SDS-PAA-Gelen (Blum et al., 1987).

3.2 Zellkultur

3.2.1 Kultivierung und Passagierung

<u>HeLa-S3-Zellen</u>

Die adhärenten HeLa-S3-Zellen wurden als Monolayer in DMEM mit 10% FCS, 100µg/ml Streptomycin und 100Units/ml Penizillin bei 37°C, 5% CO_2-Gehalt und 95% Luftfeuchtigkeit kultiviert. Erreichten die Zellen eine 90%ige Konfluenz wurden die Zellen zweimal mit BPS gewaschen und in 2ml Trypsin inkubiert. Dabei lösten sich die Zellen von der beschichteten Zellkulturschale ab und wurden verdünnt auf Zellkulturschalen mit frischem Medium gegeben.

<u>Sf9-Insektenzellen</u>

Die Sf9-Insektenzellen wurden für die Amplifikation von Baculoviren verwendet. Sie wurden in Suspension in Grace's-Insektenmedium (pH=6,3) (Applichem) mit 10% FCS, 350mg/ml Na-

Bicarbonat, L-Glutamin, Yeastolat und Pluronic kultiviert. Erreichten die Zellen eine Dichte von $2x10^6$ Zellen/ml wurden sie durch einfaches Verdünnen mit frischem Medium auf eine Dichte von $5x10^5$ Zellen/ml eingestellt. Die Kultivierung erfolgte in Erlemeyerkolben mit Schraubverschluss (lose und fixiert) bei 26°C und 120rpm auf einem Orbitalschüttler.

Durch aussähen auf eine beschichtete Zellkulturschale wachsen die Sf9 Zellen adhärent als Monolayer und eignen sich so für die Transfektion mit Baculovirus-DNA (s.u.).

Hi5-Insektenzellen

Die Hi5-Insektenzellen wurden adhärent als Monolayer in beschichteten Zellkulturschalen kultiviert. Sie wurden in TNM-FH-Insektenmedium (pH=6,3) (Applichem) mit 10% FCS, 350mg/ml Na-Bicarbonat, L-Glutamin und Yeastolat kultiviert. Zum Passagieren wurden die Zellen vom Boden abgeklopft und verdünnt in frischem Medium auf eine sterile Zellkulturschale gegeben. Die Hi5-Insektenzellen eignen sich hervorragend für die Expression von rekombinanten Proteinen. Für die Expression der Cdc6-Proteine wurden die Hi5-Zellen auch als Suspensionszellen unter den gleichen Bedingungen wie die Sf9-Zellen kultiviert.

3.2.2 Bestimmung der Zellzahl

Die Zellzahl wurde mit einer Neubauer-Zählkammer bestimmt. Dazu wurden 10µl der gut durchmischt Zellsuspension (evtl. verdünnen) zwischen Kammer und Deckglas pipettiert. Es ist darauf zu achten, dass die Zellen gleichmäßig verteilt sind. Durch Auszählen der Zellzahl in den vier großen Quadraten und dem daraus ermittelten Mittelwert lässt sich die Zellzahl der Zellsuspension nach der Formel: (Mittelwert x 10^4 x Verdünnungsfaktor = Zellzahl pro ml) berechnen. Zur Berechnung der Zellzahl an lebenden Zellen wurde ein Aliquot der Zellsuspension 1:1 mit einer Verdünnung des Farbstoffs TrypanBlue gemischt und 10µl dieser Verdünnung auf die Zählkammer pipettiert. TrypanBlue wird nur von Zellen mit beschädigter Zellwand (tote Zellen) aufgenommen, die sich dann unter einem Phasenkontrast-Mikroskop erkennen lassen. Gezählt wurden die farblosen, lebenden Zellen und deren Zellzahl wie oben beschrieben bestimmt.

3.2.3 Synchronisation von HeLa-S3-Zellen

Durch einen doppelten Thymidinblock lassen sich HeLa-S3-Zellen am G1/S-Phase-Übergang synchronisieren. Dabei unterbindet Thymidin die Synthese von dNTPs und stoppt so die DNA-Synthese, wodurch die Zellen am Beginn der S-Phase arretiert werden. $3,5x10^6$ Zellen wurden in frischem Medium auf eine 145mm Zellkulturplatte gegeben und 5,5h Stunden wachsen gelassen. Für den ersten Thymidinblock wurden 2,2mM Thymidin zugegeben. Nach 15,5h wurden die Zellen durch zweimaliges Waschen mit PBS und Zugabe von frischem Medium für 9h aus dem Block entlassen. Es erfolgte der zweite Thymidinblock durch Zugabe von 2,2mM Thymidin. Nach 15h in diesem zweiten Block befanden sich die Zellen am G1/S-Phase-Übergang. Nach dem Entlassen der Zellen aus diesem Block durchliefen die Zellen die folgende S-Phase, die Mitose und die G1-Phase relativ synchron. Auf diese Weise konnten Extrakte aus synchronisierten Zellen zu verschiedenen Zeitpunkten nach dem zweiten Block präpariert werden (G1/S-Phase am Ende des 2. Blocks; frühe bzw. späte S-Phase 5h- bzw. 7,5h nach dem Entlass; G1-Phase 15h nach dem Entlass).

3.2.4 FACS Analyse

Zur Kontrolle der Synchronisation wurden die HeLa-Zellen mit Propidiumiodid (PI) gefärbt und mittels Durchflusszytometrie analysiert (FACS-Analyse, „Fluorescence Activated Cell Sorter"). Der fluoreszierende Farbstoff PI interkaliert dabei in die DNA, wobei die im FACS gemessene Fluoreszenz proportional zum DNA Gehalt einer Zelle ist. Für diese Färbung wurden die Zellen fixiert und permeabel gemacht. Dazu wurden $2-3 \times 10^6$ Zellen zweimal mit PBS gewaschen und in 80%Ethanol (in PBS) für mindestens eine Stunde bei 4°C fixiert. Anschließend wurden die Zellen zweimal mit PBS gewaschen und in 1ml PI-Färbe-Mix (PBS, 50µg/ml PI, 20U/ml RNaseA (Roche), 1mM EDTA) aufgenommen und im FACS analysiert.

3.3 DNA-Arbeitstechniken

3.3.1 Polymerase Kettenreaktion (PCR)

Ein 50µl PCR-Reaktionsansatz enthielt 25ng Template-DNA, je 25pmol Primer, je 25mM dNTPs, 1x DNA-Polymerasepuffer und 1,25-2,5 Units DNA-Polymerase. Nach einer initialen Denaturierung der DNA bei 94°C für 5min folgten 25-35 Zyklen aus Denaturierung (45s / 94°C), Hybridisierung (45s / 50-60°C) und Synthese (1-5min / 72°C). Für die finale Extension wurde der Ansatz für 5-7min bei 72°C inkubiert und anschließend bei 4°C gelagert. Dabei richten sich die Zeiten und Temperaturen der einzelnen Schritte nach der verwendeten DNA Polymerase, der Länge der zu amplifizierenden Produkte und der Schmelztemperatur der verwendeten Primern.

Zur Mutagenese des *HsOrc6*-Gens wurden 2,5 Units *PfuUltra*® High-Fidelity DNA-Polymerase (Stratagene) verwendet. Die Amplifikation wurde in 35 Zyklen durchgeführt, wobei die Hybridisierungszeit 1min bei 52°C und die finale Extension 5min bei 72°C betrug.

Bei der Herstellung von rekombinanten Baculoviren erfolgte die Kontrolle der Transposition in DH10Bac *E. coli*-Zellen mittels Kolonie-PCR. Statt gereinigter DNA wurden hier von einer LB-Agar-Selektionsplatte gepickte Bakterienkolonien verwendet. Aus den in 10µl Wasser aufgenommenen Bakterien wurden 2,5µl in einen PCR-Ansatz eingesetzt. Die Amplifikation erfolgte in 30 Zyklen mit 1,25 Units GoTaq™ DNA Polymerase (Promega) in Anwesenheit von je 50pmol Primer und einer Synthesephase von 5min bei 72°C. Die Hybridisierung erfolgte für 45s bei 55°C und die finale Extensionszeit betrug 7min bei 72°C.

3.3.3 Restriktionsverdau

Der Verdau von DNA mit Restiktionsendonukleasen erfolgte unter den vom Hersteller angegebenen Reaktionsbedingungen mit den empfohlenen 10x Reaktionspuffern. Die eingesetzte Menge an Enzym wurde aus der Menge an zu verdauender DNA berechnet.

3.3.4 Isolierung von DNA Fragmenten aus Agarose-Gelen

Die zu isolierende DNA wurde über ein 0,8%iges TAE-Agarose-Gel, das 1µg/ml Ethidiumbromid enthielt, aufgetrennt und die DNA Bande unter UV-Licht (254nm) mit einem sterilen Skalpell ausgeschnitten. Die Reinigung der DNA aus der Agarose erfolgte mit dem „NucleoSpin Extract II" Extraktionskit (Macherey und Nagel) und wurde nach Herstellerangaben durchgeführt.

3.3.5 Dephosphorylierung von 5'DNA-Enden

Für die Abspaltung der 5'-Phosphatgruppe wurde in dieser Arbeit die Shrimps alkalische Phosphatase (SAP) (Fermentas) verwendet. Unter Verwendung des vom Hersteller mitgelieferten Puffers wurden bis zu 0,5pmol linearisierter DNA mit 2 Units SAP für 30min bei 37°C behandelt und die Phosphatase anschließend bei 65°C für 15min inaktiviert. Die DNA-Fragmente wurden direkt in die Ligation eingesetzt.

3.3.6 Ligation mit der T4-DNA-Ligase

Die Ligation wurde mit der T4-DNA-Ligase (Roche) unter Verwendung des vom Hersteller mitgelieferten Puffers durchgeführt. Das molare Verhältnis von Vektor- zu Insert-DNA betrug dabei 1:1 bis 1:5, wobei pro Ligation 100ng Vektor-DNA eingesetzt wurden.

3.3.7 Isolierung von Plasmiden aus Flüssigkulturen

Die Aufreinigung von Plasmiden aus *E. Coli*-Flüssigkulturen erfolgte mit Hilfe des „QIAprep Spin Miniprep Kits" (Qiagen). Das pEPI-UPR Plasmid für die *in vitro* Replikation und die DNA Bindungsstudien wurde mittels alkalischer Lyse nach Birnboim präpariert und die DNA anschließend mittels CsCl-Gleichgewichtszentrifugation aufgereinigt.

3.3.8 HsOrc6 Mutagenese und Klonierung der Expressionsplasmide

Die Mutagenese von Orc6 erfolgte durch eine zweistufige PCR, wobei das PCR-Produkt aus der ersten Reaktion als Vorwärts-Primer in der zweiten Reaktion eingesetzt wurde. Die verwendeten Primer sind in Tabelle 2 aufgelistet. Als Vorwärts-Primer wurde in der ersten PCR Orc6-pET28a-forward verwendet, der eine *NdeI*-Erkennungssequenz enthält. Der Rückwärts-Primer (Orc6-S72A-K76A-lower) enthält die Mutationen für S72A und K76A (in Sequenz markiert). Das aus dieser ersten Reaktion entstandene 247bp große PCR-Produkt wurde über ein 0,8%iges TAE-Agarose-Gel aufgereinigt und die Hälfte davon als Vorwärts-Primer in einer zweiten PCR eingesetzt. Als Rückwärts-Primer diente Orc6-pET21a-Not1-reverse, der eine *NotI*-Erkennungssequenz beinhaltet. Als Template-DNA dieser beiden Poymerasekettenreaktionen diente der pET21a-Orc6-wt Expressionsvektor aus eigenen Laborbeständen.

Das PCR-Produkt (774bp) wurde in den pJET1.2/blunt-Vektor in einem 10µl Ansatz nach Herstellerangaben mit dem „CloneJET™ PCR Cloning Kit" (Fermentas) kloniert. Der komplette Ligationsansatz wurde in DH5◊-Zellen transformiert und die Bakterien anschließend auf LB-Agar-Selektionsplatten (100µg/ml Ampicillin) ausplattiert. Die Plasmide aus sechs Klonen wurden mittels alkalischer Lyse präpariert und positive Klone durch einen *BglII*-Verdau identifiziert. Der pET21a-Orc6-wt-Vektor sowie der pJET1.2-Orc6-S72A-K76A-Vektor wurden dann mit den Restriktionsendonukleasen *NdeI* und *NotI* verdaut und in einem 0,8%igen TAE-Agarose-Gel analysiert. 400ng des linearisierten pET21a-Orc6-wt-Vektors wurden dephosphoryliert und 100ng nach Hitzeinaktivierung der SAP in einem 15,5µl Ligationsansatz mit dem Orc6-S72A-K76A-Insert eingesetzt. Nach der Transformation in DH5◊-Zellen und der Selektion auf LB-Agar-Platten (100µg/ml Ampicillin) wurde ein Klone gepickt und die Plasmid-DNA aus einer 5ml LB (100µg/ml Ampicillin) Übernacht-Kultur aufgereinigt. Durch einen *BglII*-Verdau wurde die Korrektheit des pET21a-Orc6-S72A-K76A Klons überprüft.

Der pET21a-Orc6-wt und der pET21a-Orc6-S72A-K76A Vektor wurden anschließend für die bakterielle Expression der beiden Orc6-Proteine genutzt. Der pET21a-Vektor ist so konstruiert, dass sechs Histidine an das C-terminale Ende der Orc6-Proteine angehängt werden (His-Epitop).

3.3.9 Biotinylierung von Plasmid-DNA

Die Biotinylierung der pEPI-UPR-DNA mit PHOTOPROBE (S-S) Biotin (Vector Laboratories) erfolgte für 30min unter einer UV-Lampe (365nm), die sich in einem Abstand von 2cm über dem auf Eis stehenden, geöffneten 1,5ml Eppendorf-Reaktionsgefäß befand. Ein 80µl Reaktionsansatz enthielt 0,13µM Plasmid-DNA und 2,34µM Biotin (Verhältnis DNA:Biotin = 1:18). Nach der Photokopplung wurde das freie Biotin durch eine 2-Butanol-Präzipitation entfernt. Zu dem

Reaktionsansatz wurden 1Volumen 0,1M Tris (pH 9,5) und 2 Volumen 2-Butanol gegeben, anschließend gut gevortext und für 1min bei V_{max} in der Eppendorf-Tischzentrifuge zentrifugiert. Die obere Phase (Butanol) wurde verworfen und zu der unteren wässrigen Phase 2 Volumen 2-Butanol gegeben. Wieder wurde der Ansatz stark gevortext, nach der Zentrifugation die obere Butanol-Phase verworfen und die DNA in der wässrigen Phase durch eine Ethanol-Fällung präzipitiert. Das getrocknete DNA-Pellet wurde dann in TE aufgenommen.

3.4 Herstellung und Amplifikation rekombinanter Baculoviren
HsCdc6-Baculoviren

Die Herstellung rekombinanter Baculoviren wurde nach dem Bac-to-Bac Baculovirus Expressionssysystem (Invitrogen) durchgeführt. Das System basiert auf den sequenzspezifischen Transpositionseigenschaften des Tn7-Transposons. Der pFastBac-Vektor besitzt eine Expressionseinheit, die vom rechten und linken Arm des Tn7 flankiert ist. Dieses sogenannte mini-Tn7-Transposon besitzt ein Gentamicin-Resistenzgen und ein SV40-Polyadenylierungs-Signal. Die Expression wird durch den AcMNPV Polyhedrin Promotor reguliert. Zur Selektion der Plasmide in DH5◊ besitzt der Vektor ein Ampicillin-Resistenzgen außerhalb des mini-Tn7-Transposons. Die Klonierung der cDNAs von GST-Cdc6-wt und GST-Cdc6-5xMut vom pLV-Vektor (Herbig et al., 2000; Herbig et al., 1999) in den pFastBac1-Vektor erfolgte mit Hilfe der Restriktionsendonukleasen *BamHI* und *NotI*. Dabei erfolgte die Isolierung der cDNAs aus den pVL1393 Plasmiden über einen sequentiellen Verdau. Die Plasmide wurden zuerst mit *NotI* verdaut und mittels des „NucleoSpin Extract II" Extraktionskits (Macherey und Nagel) aufgereinigt. Anschließend wurde ein partieller *BamHI*-Verdau durchgeführt, wobei die Bedingungen vorher ausgetestet wurden. Der Ligationsansatz wurde in DH5α transformiert und aus Ampicillin-resistenten Klonen die rekombinanten pFastBac-Plasmide präpariert. Die Richtigkeit der Klonierungen wurde durch zwei Test-Verdaue bestätigt.

Die zweite Hauptkomponente des Bac-to-Bac Systems ist der *E. coli* Stamm DH10Bac. Dieser Bakterienstamm besitzt einen Baculovirus-Transfer-Vektor (Bacmid) mit einer mini-*att*Tn7 Zielsequenz (*att*, „attachment") und einem Kanamycin-Resistenzgen, sowie ein Helfer-Plasmid. Dieses Plasmid exprimiert ein Tetracyclin-Resistenzgen und die Transposase und stellt so die Tn7-Transpositionsfunktion *in trans* dar. Die mini-*att*Tn7 Sequenz ist dabei in das offene Leseraster (ORF) des *LacZ*-Gens inseriert, ohne dieses zu zerstören. Nach der Transformation der rekombinanten pFastBac-Vektoren in DH10Bac kommt es zur Transposition zwischen dem mini-Tn7 Element auf pFastBac1 und der mini-*att*Tn7 Zielsequenzen des Bacmids. Dadurch wird das ORF von *LacZ* zerstört und die Bakterien können keine β-Galactosidase mehr synthetisieren. Daher können Bakterien, in denen die Transposition stattgefunden hat, auf Selektionsplatten mit Blue-Gal und IPTG als weiße Kolonien identifiziert werden. Die transformierten DH10Bac-Zellen wurden auf LB-Agar Selektionsplatten (50µg/ml Kanamycin, 7µg/ml Gentamicin, 10µg/ml Tetracyclin, 100µg/ml Blue-Gal und 40µg/ml IPTG) ausplattiert und über Nacht bei 37°C inkubiert. Am nächsten Morgen wurden je 10 weiße Kolonien gepickt und auf frische Selektionsplatten ausgestrichen und über Nacht bei 37°C inkubiert. Je 10 weiße Kolonien wurden mittels Kolonie-PCR auf rekombinante Bacmide analysiert. Dabei wurde das Primer-Paar M13-forward (-40) / M13-reverse verwendet (Tabelle 2). Nach erfolgreicher Transposition konnten diagnostische 4940bp lange Produkte im Agarose-Gel detektiert werden. Bacmide, die kein Transposon aufgenommen haben (blaue Kolonien) führten zu einem 282bp langem PCR-Produkt.

Je ein positiver Klon (Cdc6-wt und Cdc6-5xMut) wurde in 2ml LB (50µg/ml Kanamycin, 7µg/ml Gentamicin) Kulturen angeimpft und über Nacht bei 37°C inkubiert. Die Bacmide wurden durch alkalische Lyse mit den Lösungen I, II und III des „QIAprep Spin Miniprep Kits" (Qiagen) nach Herstellerangaben präpariert. Nach einer Isopropanol-Fällung wurden die Bacmide zweimal mit 250µl 70% Ethanol gewaschen und in 20µl Wasser aufgenommen.

Die Transfektion der Bacmide in Insektenzellen und die Amplifikation der rekombinanten Baculoviren wurde nach dem Protokoll von Fitzgerald et al. durchgeführt (Fitzgerald et al., 2006). Zur Transfektion der rekombinanten Bacmid-DNA in Insektenzellen wurden 5×10^5 Sf9-Zellen in je zwei Wells einer 6-Well-Zellkulturplatte ausgesät und für 15min bei 26°C inkubiert. 10µl der Bacmid-DNA wurden mit 5µl CellFECTIN Transfektionsreagenz (Invitrogen) in 200µl Serum-freien Grace's Medium (Gibco) gemischt und ebenfalls für 15min bei 26°C inkubiert. Nach der Zugabe von 1ml Grace's Medium zu dem CellFECTIN-DNA Gemisch wurde der Überstand der Sf9-Zellen abgesaugt und durch 500µl CellFECTIN-DNA-Medium pro Well ersetzt. Die 6-Well-Platte wurde mit Parafilm abgedichtet und für 5h bei 26°C inkubiert. Danach wurde die Transfektionslösung abgesaugt, 3ml frisches Medium zugegeben und die Zellen für 48-60h bei 26°C inkubiert (mit Parafilm abgedichtet). Der Überstand enthielt nun die Baculoviren und wird als V_0-Virusstock gesammelt.

Die Amplifikation der rekombinanten Baculoviren erfolgt in Sf9-Suspensionszellen. Dazu wurden 50ml frisch verdünnte Sf9-Zellen (5×10^5 Zellen/ml) mit 3ml des V_0-Virusstocks infiziert und bei 26°C auf einem Orbitalschüttler inkubiert. Alle 24h wurden die Zellen gezählt und auf unter 1×10^6 Zellen/ml verdünnt, bis die Zellen aufhörten zu wachsen. Die Infektion kann durch das Anschwellen der Zellen unter einem Mikroskop verfolgt werden. Nach weiteren 48h wurden die Zellen abzentrifugiert (5min bei 200g) und der Überstand als V_1-Virusstock gesammelt, der nun für die Infektion von Hi5-Zellen zur Proteinexpression verwendet wurde.

HsOrc1-HsOrc5-Baculoviren

Die Baculoviren zur Herstellung des HsOrc1-5-Komplexes wurden von Dr. Manfred Gossen (Max-Delbrück-Zentrum, Berlin-Buch) zur Verfügung gestellt. Alle fünf Virusüberstände wurden zunächst in Sf9-Insektenzellen amplifiziert. Dazu wurden die Zellen in frischem Medium auf 5×10^5 Zellen/ml verdünnt und Virus im Verhältnis 1:10 (Vol. Virus : Vol. Zellen) zugegeben. Nach einer Inkubation von 5-7 Tagen wurden die Zellen abzentrifugiert (8min bei 170g) und die Virusüberstände bei 4°C im Dunkeln gelagert.

3.5 Proteinbiochemische Methoden

3.5.1 Bakterielle Überexpression und Reinigung von HsOrc6

Für die bakterielle Expression von HsOrc6 wurden die Expressions-Plasmide pET21a-Orc6-wt und pET21a-Orc6-S72A-K76A in den *E. coli* Stamm Rosetta(DE3) *pLysSRARE* transformiert. Eine Übernacht-Kultur der Bakterienzellen wurde 1:100 in 400ml LB (100µg/ml Ampicillin, µg/ml Chloramphenicol) verdünnt und bis zu einer optischen Dichte (OD_{600}) von 0,35 wachsen gelassen. Die Induktion erfolgte dann mit 1mM IPTG (Endkonzentration). Nach 4h Inkubation bei 37°C wurden die Zellen für 5min bei 5000g abzentrifugiert, anschließend mit PBS gewaschen und in ein 50ml Falkon überführt. Nach einer weiteren Zentrifugation für 10min bei 1600g (4°C) wurde das Pellet in 8ml kaltem Puffer A (20mM Hepes, 5mM KCl, 0,5mM MgCl2, 500mM NaCl, 10mM Imidazol) resuspendiert und in einen Glas-Sonikator überführt. Die Suspension wurde fünfmal für 30s auf Eis sonifiziert (25% Amplitude, 0,9s Puls an, 0,1s Puls aus). Die sonifizierte Probe wurde dann in 2ml Eppendorf-Reaktionsgefäße überführt und für 10min bei V_{max} in einer auf 4°C vorgekühlten Eppendorf-Tischzentrifuge zentrifugiert. Die Überstände wurden gesammelt und auf eine mit Puffer A äquilibrierte Ni-NTA Agarose-Säule gegeben (Säulenvolumen (CV) = 400µl). Dafür wurden 800µl 50% Ni-NTA-Agarose (Qiagen) in eine 10ml Poly-Prep-Säule (Bio-Rad) pipettiert und mit Puffer A äquilibriet. Die Säule wurde anschließend zweimal mit 5CV Wasch-Puffer (20mM Hepes, 5mM KCl, 0,5mM MgCl2, 1M NaCl, 10mM Imidazol) gewaschen. Eine erste Elution erfolgte anschließend mit 6 x 1CV Elutions-Puffer 1 (20mM Hepes, 5mM KCl, 0,5mM MgCl2, 80mM NaCl, 50mM Imidazol), wobei die Eluate gesammelt wurden. Die zweite Elution erfolgte mit 10 x 1CV Elutions-Puffer 2 (20mM Hepes, 5mM KCl, 0,5mM MgCl2, 80mM NaCl, 250mM Imidazol). Der Input, der Durchlauf, die einzelnen Waschschfraktionen und die Eluate wurden anschließend auf einem 12,5%igen PAA-Gel mittels Coomassiefärbung analysiert. Die Fraktionen mit der größten Menge an gereinigten Proteinen wurden vereinigt und über Nacht gegen 2l Dialysepuffer (20mM Hepes, 5mM KCl, 0,5mM MgCl2, 80mM NaCl, 5% Glycerol, 1mM DTT) dialysiert. Am nächsten Morgen wurde für eine Stunde der Dialysepuffer gewechselt, die

Proben aliquotiert und in flüssigem Stickstoff schockgefroren. Die Lagerung erfolgte anschließend bei -80°C. Die Proteinkonzentration wurde nach der Bradford-Methode bestimmt.

3.5.2 HsCdc6 Expression in Hi5-Insektenzellen und Reinigung

Für die Expression von HsCdc6-wt und HsCdc6-5xMut wurden 50ml frisch verdünnte Hi5-Insektenzellen (5×10^5 Zellen/ml) mit 2ml des entsprechenden V_1-Virusstock infiziert und anschließend das Zellwachstum alle 24h durch Zählen der Zellen in einer Neubauer Zählkammer beobachtet. Wenn nötig, wurden die Zellen auf unter 1×10^6 Zellen/ml verdünnt. 48h nachdem die Zellen aufgehört haben zu wachsen wurden die Zellen abzentrifugiert (8min bei 170g) und zweimal in kaltem PBS gewaschen. Die Zellen wurden anschließend entweder direkt lysiert oder in Puffer 1 (PBS, 2mM $MgCl_2$, 10% Glycerol) schockgefroren. Zur Lyse wurden die Zellen in 3ml kaltem Lyse-Puffer (PBS, 2mM $MgCl_2$, 0,1% Nonidet P-40, 10% Glycerol, 1mM PMSF) aufgenommen und 10min auf Eis inkubiert. Zur Extraktion der Chromatin-gebundenen Proteine wurde das Volumen bestimmt und durch Zugabe von 5M NaCl eine Konzentration von 500mM NaCl eingestellt. Nach einstündiger Inkubation auf Eis wurde die Suspension für 20min bei 200000g in einem TLA-100.2 Rotor (Beckman) zentrifugiert. Der Überstand wurde anschließend auf eine mit Puffer A (PBS, 2mM $MgCl_2$, 0,1% Nonidet P-40, 10% Glycerol, 1mM PMSF, 450mM NaCl) äquilibrierte Glutathion-Sepharose 4 FAST Flow Säule (GE Healthcare) gegeben ((CV) = 400µl). Die Säule wurde mit 5 CV Waschpuffer 1 (PBS, 2mM $MgCl_2$, 0,1% Nonidet P-40, 10% Glycerol, 1mM PMSF, 80mM NaCl), dann mit 5 CV Waschpuffer 2 (PBS, 2mM $MgCl_2$, 0,1% Nonidet P-40, 10% Glycerol, 1mM PMSF, 1M NaCl) und zuletzt mit 5 CV Waschpuffer 1 gewaschen. Die Elution der gebundenen Cdc6-GST-Fusionsproteine erfolgte mit 10 x 0,5 CV Elutionspuffer (PBS, 2mM $MgCl_2$, 0,1% Nonidet P-40, 10% Glycerol, 1mM PMSF, 80mM NaCl, 100mM Glutathion). Der Input, der Durchlauf, die einzelnen Waschfraktionen und die Eluate wurden anschließend auf einem 10%igen PAA-Gel mittels Coomassiefärbung analysiert. Die Fraktionen mit der größten Menge an gereinigten Proteinen wurden vereinigt und über Nacht gegen 2l Dialysepuffer (20mM Hepes, 5mM KCl, 0,5mM MgCl2, 80mM NaCl, 5% Glycerol, 1mM DTT) dialysiert. Am nächsten Morgen wurde für eine Stunde der Dialysepuffer (2l) gewechselt. Die Probe wurde anschließend durch Zentrifugation in einer Amicon® Ultra-4 Zentrifugen-Filter-Einheit (Millipore) nach Herstellerangaben auf 200µl eingeengt. Nach dem Aliquotieren wurden die Proben in flüssigem Stickstoff schockgefroren und bei -80°C gelagert. Die Proteinkonzentration wurde nach der Bradford-Methode bestimmt.

3.5.3 HsORC Expression in Insektenzellen und Reinigung

Hi5-Insektenzellen wurden mit einer Dichte von 3-5x10^6 Zellen/Platte auf 145mm Zellkulturplatten ausgesät und für 30min stehen gelassen, damit sich die Zellen absetzten konnten. Danach wurden die amplifizierten Virusüberstände der fünf Baculoviren zugegeben: 2,5ml HsOrc1-Viren (C-terminales His-Epitop), je 1,5ml HsOrc2-, HsOrc3, HsOrc4-Viren und 1ml HsOrc5-Viren (Angaben für eine Platte). Die Zellen wurden für 60h inkubiert und anschließend mit dem vorhandenen Medium von den Platten abgespült. Die in 50ml Falcon-Röhrchen gesammelten Zellen wurden für 4min bei 174g abzentrifugiert. Alle folgenden Arbeitsschritte wurden auf Eis durchgeführt und alle verwendeten Puffer wurden vorher auf 4°C gekühlt. Die Zellen wurden zweimal mit PBS gewaschen und die restliche Flüssigkeit abgesaugt. Das Pellet wurde in 1ml Lysepuffer (PBS, 2mM MgCl$_2$, 0,1% Nonidet P-40, 10% Glycerol, 1mM PMSF, 1mM ATP, 1xComplete EDTA-frei (Roche)) pro infizierter Platte resuspendiert, in 15ml Falcon-Röhrchen überführt und für 10min im Kühlraum auf einen Überkopf-Schüttler inkubiert. Anschließend wurden die lysierten Zellen für 4min bei 790g abzentrifugiert. Vom Überstand (cytosolischer Extrakt) wurde ein Aliquot für die spätere Analyse aufbewahrt und der Rest verworfen. Das Pellet wurde einmal in 1ml Lysepuffer pro infizierter Platte gewaschen und anschließend in 0,75ml Kernextraktionspuffer (Lysepuffer mit 400mM KCl Endkonzentration) pro Platte aufgenommen. Die resuspendierten Kerne wurden auf Eppendorf-Reaktionsgefäße verteilt und für 1h im Kühlraum über Kopf geschüttelt. Nach einer Zentrifugation für 30min bei 14000rpm in der Eppendorf-Tischzentrifuge wurden die Überstände (Kernextrakte) in neue Eppendorf-Reaktionsgefäße überführt und ein Aliquot für die spätere Analyse aufbewahrt. Pro infizierter Platte wurden 100µl Ni-NTA-Agarosebeads (50%-Lösung) durch dreimaliges Waschen in Lysepuffer (mit 10mM Imidazol) äquilibriert. Nach dem vollständigen Entfernen des Überstands wurde der Kernextrakt, der auf 10mM Imidazol (pH 7,2; 2M Imidazol-Stammlösung) eingestellt wurde, zu den Beads gegeben und für 1h im Kühlraum auf einem Überkopf-Schüttler inkubiert. Die Beads wurden im Anschluss für 2min bei 80g abzentrifugiert und der Überstand, der die nicht gebundenen Proteine enthält für die spätere Analyse aufbewahrt. Die Beads wurden dreimal mit 1ml Lysepuffer (mit 20mM Imidazol, pH 7,2) gewaschen, wobei jeweils eine Inkubation für 5-10min bei 4°C stattfand. Durch Zugabe von 50µl Elutionspuffer (PBS, 2mM MgCl$_2$, 0,1% Nonidet P-40, 10% Glycerol, 1mM PMSF, 1mM ATP, 1xComplete EDTA-frei (Roche), 400mM Imidazol, pH 5,0) pro infizierter Platte erfolgte die Elution für 30min bei 4°C unter Rollen. Die Beads wurden danach für 3min bei 80g abzentrifugiert und das Eluat abgenommen. Für eine zweite Elution wurden die Beads anschließend in 100µl Elutionspuffer pro infizierter Platte resuspendiert und für 30min bei 4°C unter Rollen inkubiert. Der Überstand wurde nach einer Zentrifugation für 3min bei 80g abgenommen. Die beiden Eluate wurden aliquotiert und schockgefroren, wobei je ein Aliquot für die Analyse der Aufreinigung diente.

Für die Analyse der Aufreinigung wurden der cytosolische Extrakt (1/400), der Kernextrakt (1/300), die nicht an die Beads gebundenen Proteine (1/300), die Elution (1/40) und die in 1xLämmlipuffer aufgekochten Beads (Äquivalent zur Menge an Kernextrakt) mittels SDS-PAGE in einem 10%iges PAA-Gel aufgetrennt. Die Detektion erfolgte im Anschluss mittels Coomassie-Färbung. Um die Reinheit des Orc1-5 Komplexes zu überprüfen wurde von einem 10%igen PAA-Gel des Eluats eine Silberfärbung durchgeführt (Blum et al., 1987).

3.5.4 Präparation von HeLa-S3 Zellextrakten

Alle Arbeiten zur Extraktpräparation wurden im Kühlraum durchgeführt, die Proben immer auf Eis gelagert und die verwendeten Puffer vor Beginn der Arbeiten vorgekühlt. Die Präparation der Extrakte aus HeLa-S3-Zellen erfolgte von 6-10, 60% konfluenten, 145mm Zellkulturplatten. Die Zellen wurden auf Platte zweimal mit kaltem PBS gewaschen, anschließend mit einem Zellschaber gelöst und in ein 14ml Falcon-Röhrchen überführt. Nach einer Zentrifugation für 8min bei 164g wurden die Zellpellets in insgesamt 5ml hypotonen Puffer (20mM Hepes pH7,9 bei 4°C, 5mM KCl, 1,5mM $MgCl_2$, 0,1mM DTT, 1mM ATP, 1xComplete EDTA-frei (Roche), 340mM Succrose) resuspendiert. Die Zellen wurden erneut 8min bei 164g zentrifugiert, der Überstand vorsichtig abgenommen und das Zellpellet in 10ml hypotonen Puffer (20mM Hepes pH7,9 bei 4°C, 5mM KCl, 1,5mM $MgCl_2$, 0,1mM DTT, 1mM ATP, 1xComplete EDTA frei (Roche)) resuspendiert. Nach der Zentrifugation für 8min bei 164g wurde das Pellet mit einer abgeschnittenen 1ml-Pipettenspitze gelöst und das Volumen bestimmt. Die Zellen wurden für 10min auf Eis inkubiert. Nach 10-15x douncen in einem Dounce-Homogenisator (S-fit) wurden die löslichen Proteine für 30min auf Eis eluiert. Die Präparation der Zellkerne wurde dabei unter einem Mikroskop überprüft. Die Kerne wurden in 2ml Eppendorf-Reaktionsgefäße überführt und für 10min bei V_{max} (Eppendorf-Tischzentrifuge) zentrifugiert. Der Überstand wurde nun zur Präparation des cytosolischen S100-Extrakts verwendet und aus dem Kernpellet wurde der S300-Kernextrakt präpariert.

<u>cytosolischer S100-Extrakt:</u>

Der Überstand, der die löslichen Proteine enthält, wurde für 1h bei 43000rpm in einem TLA 100.3 Rotor (Beckman) bei 100000g zentrifugiert. Der daraus resultierende klare Überstand wurde in vorgekühlte Eppis aliquotiert und in flüssigem Stickstoff schockgefroren.

S300-Kernextrakt:
Das Kernpellet wurde zweimal in hypotonen Puffer gewaschen. Bei dem letzten Waschschritt wurde das Volumen des Pellets bestimmt und anschließend 1/3 Volumen Kernextraktions-Puffer (20mM Hepes pH7,9 bei 4°C, 1800mM NaCl, 5mM KCl, 0,5mM $MgCl_2$, 0,1mM DTT, 1mM ATP, 1xComplete (EDTA frei)) schrittweise zugegeben, so dass eine Endkonzentration von 450mM NaCl erreicht wurde. Die Elution der Chromatin-gebundenen Proteine erfolgte für 90min auf Eis, wobei das Eppendorf-Reaktionsgefäß gelegentlich gevortext wurde. Der Überstand nach 10min Zentrifugation bei V_{max} (Eppendorf-Tischzentrifuge) wurde in SW60Ti Röhrchen überführt und für 1h bei 48000rpm im SW60Ti Rotor (Beckman) zentrifugiert (300000g). Der Überstand, der die Chromatin-gebundenen Proteine enthält wurde in vorgekühlte Eppendorf-Reaktionsgefäße aliquotiert und in flüssigem Stickstoff schockgefroren.
Die Proteinkonzentration der Extrakte wurde mit der Bradford-Methode bestimmt. Die aliquotierten Extrakte wurden bei -80°C gelagert und kurz vor Gebrauch auf Eis aufgetaut.

3.5.5 Immunpräzipitation von Proteinen aus Kernextrakten

CyclinA-Depletion für den Einsatz der Extrakte in die *in vitro* DNA-Replikation:
Die Kernextrakte wurden zusammen mit einer austitrierten Menge an Antikörpern (CyclinA-SG19 Antikörper bzw. unspezifischer IgG-Antikörper; siehe Tabelle 1) in einem 40µl Ansatz für 30min auf Eis inkubiert. Die eingesetzte Menge an Kernextrakt wurde so gewählt, dass in der *in vitro* Replikation (siehe 3.7.2) die korrekte Menge an Extrakt (16µg) in einem Volumen von 28µl eingesetzt werden konnte. Durch Zugabe von Kernextraktionspuffer (20mM Hepes pH7,9, 4°C, 450mM NaCl, 5mM KCl, 0,5mM $MgCl_2$, 0,1mM DTT, 1mM ATP, 1xComplete EDTA frei (Roche)) wurde die NaCl-Konzentration in einem finalen Volumen von 40µl auf 100mM eingestellt. Der Ansatz wurde zu 10µl (100% Beads), in Kernextraktionspuffer äquilibrierten ProteinA-Sepharose-Beads gegeben und für 30min im Kühlraum unter Rollen inkubiert. Nach kurzer Zentrifugation (max. 500g) wurde der Überstand (depletierter Kernextrakt) abgenommen und in der *in vitro* Replikation eingesetzt. Die Beads wurden dreimal mit Kernextraktionspuffer gewaschen und in 40µl 1xLämmlipuffer aufgenommen. Die gebundenen Proteine wurden durch Inkubation für 30min bei 60°C unter Schütteln von den Beads eluiert.
Zur Kontrolle der Immunpräzipitation wurde das Volumen der Ansätze verdoppelt, wobei die Menge an Extrakt und Antikörper angeglichen wurde. So konnte ein Teil (28µl) des Überstands über ein 10%iges PAA-Gel aufgetrennt werden und die Depletion durch Western Blot-Analysen mit spezifischen Antikörpern kontrolliert werden. Ebenso wurden auf dieses Gel das Eluat der Beads (28µl) und die Menge an eingesetzten Kernextrakt (16µg) aufgetragen.

Orc6-Depletion für den Einsatz der Extrakte in den DNA-Bindungsstudien:

Die Depletion von Orc6 erfolgte mit ◊-Orc6-Antikörpern (3A4; Tabelle1) vorgekoppelten ProteinG-Sepharose-Beads. Zur Kontrolle wurden ◊-EBNA1-Antikörper (Tabelle 1) gekoppelte Beads verwendet. Die kovalente Kopplung der Antikörper an die Beads wurde nach dem Protokoll von Harlow und Lane durchgeführt (Harlow. Lane 1988 Andi). Pro Ansatz wurde zu 10µl (100%) in RB-Puffer (20mM Hepes pH7,8 bei 4°C, 5mM KCl, 1,5mM $MgCl_2$, 0,1mM DTT, 1xComplete EDTA frei (Roche), 0,003% NP-40) gewaschen Beads 64µg Kernextrakt gegeben und das Volumen mit RB-Puffer auf 35µl eingestellt. Der Ansatz wurde für 1h im Kühlraum inkubiert (Überkopf-Schüttler). Nach kurzer Zentrifugation wurde der komplette Überstand in die DNA-Bindungsstudien eingesetzt.

3.6 DNA-Bindungsstudie

3.6.1 Kopplung von biotinylierter DNA an Streptavidin-paramagnetische Beads

Die Kopplung der biotinylierten Plasmid-DNA an Streptavidin-paramagnetische Beads erfolgte mit dem Dynabeads® KilobaseBINDER™ Kit (Dynal) nach Herstellerangaben mit leichten Variationen. Die Bindungs-Lösung (Dynal) sowie die Wasch-Lösung (Dynal) wurden zunächst 1:2 mit RB-Puffer (20mM Hepes pH7,8 bei 4°C, 5mM KCl, 1,5mM $MgCl_2$, 0,1mM DTT, 1xComplete EDTA frei (Roche), 0,003% NP-40) verdünnt. In ein beschichtetes Eppendorf-Reaktionsgefäß (1,5ml) wurde 200µl Bindungs-Lösung vorgelegt und 500µg der zuvor durch Schütteln resuspendierten Beads mit einer abgeschnittenen Pipettenspitze zugegeben. Durch einen Magneten werden die Beads an einer Seite des Gefäßes konzentriert und der Überstand wurde vorsichtig über die andere Seite abgenommen. Anschließend wurden die Beads in 200µl Bindungs-Lösung resuspendiert und 10µg biotinylierte DNA (in 200µl RB-Puffer) zugegeben. Die Kopplung erfolgte über Nacht bei Raumtemperatur unter horizontalem Rollen. Der Überstand wurde am Magneten abgenommen und die Beads zweimal in 400µl Wasch-Lösung gewaschen. Anschließend wurden die Beads in Wasch-Lösung aufgenommen (finale Konzentration: 10mg/ml).

3.6.2 DNA-Bindungsreaktion und Analyse der gebundenen Proteine

Vor der eigentlichen DNA-Bindungsreaktion wurden die pEPI-UPR-gekoppelten bzw. DNA freien paramagnetischen Beads geblockt. Dazu wurde die entsprechende Menge Beads (Äquivalent zu 90ng DNA pro Ansatz) zunächst zweimal in RB-Puffer (20mM Hepes pH7,8 bei 4°C, 5mM KCl, 1,5mM $MgCl_2$, 0,1mM DTT, 1xComplete EDTA frei(Roche), 0,003% NP-40) in einem beschichteten, 1,5ml Eppendorf-Reaktionsgefäß gewaschen. Anschließend wurde zu den Beads 300µl Blockpuffer (RB-Puffer, 12,5mg/ml Rinderserumalbumin (BSA), 10mg/ml

Polyvinylpyrrolidon (PVP), sterilfiltriert) gegeben und für 30min bei 23°C im Heizblock bei 1000rpm inkubiert. Die Beads wurden danach zweimal in RB-Puffer gewaschen und in 5μl RB-Puffer pro Ansatz aufgenommen. In einem frischen, beschichteten, 1,5ml Eppendorf-Reaktionsgefäß wurde nun die DNA-Bindungsreaktion zusammenpipettiert. Ein Ansatz enthielt 32μg Kernextrakt, 20mM Kreatinphosphat, 6,3μg/ml Kreatinkinase und 2mM ATP. Das Volumen wurde durch Zugabe von RB-Puffer auf 35μl eingestellt. Die Salzkonzentration betrug durch die hier eingesetzte Menge an Kernextrakt 80mM NaCl. Pro Ansatz wurden nun 5μl (=90ng DNA) Beads mit einer abgeschnittenen Pipettenspitze zugegeben und durch auf- und abpipettieren gemischt. Nach der Bindungsreaktion für 30min bei 23°C im Heizblock bei 1000rpm wurden die Beads dreimal in RB-Puffer (mit 80mM NaCl) gewaschen und in 15μl 1x Lämmlipuffer aufgenommen. Die Beads wurden für 5min bei 95°C aufgekocht und auf ein 10 bzw. 12,5%iges PAA-Gel aufgetragen. Die Analyse der DNA gebundenen Proteine erfolgte anschließend im Western Blot mit spezifischen Antikörpern.

Da pro Versuch immer zwei Gele benötigt wurden, wurde das Volumen der Ansätze, und somit auch die Menge an eingesetzten Beads und Kernextrakten, verdoppelt werden.

3.6.3 λ-PPase-Behandlung der DNA gebundenen Proteine

Zur Dephosphorylierung der an die DNA gebundenen Proteine wurden die Beads nach dem letzten Waschschritt in 1x λ-PPase Reaktionspuffer mit 2mM $MnCl_2$ und 400 Units λ-PPase (NEB) aufgenommen und 30min bei 30°C inkubiert. Anschließend wurde die entsprechende Menge 5xLämmlipuffer zugegeben, die Beads aufgekocht und auf die PAA-Gele geladen.

3.7 *In vitro* DNA Replikation

3.7.1 SV40 *in vitro* Replikationsansatz

Ein 50μl-Standardansatz enthielt 160ng pEPI-UPR-DNA, 230μg cytosolischen Extrakt, 1,8μg T-Ag, 2mM ATP, 5μl 10xReplikationsmix (300mM Hepes pH7,8, 5mM DTT, 30mM $MgCl_2$, je 0,8mM CTP/UTP/GTP, je 1mM dCTP/dTTP/dGTP, 0,1mM dATP, 400mM Kreatinphosphat, 12μg Kreatinkinase) und 10μCi α[^{32}p]dATP. Das ATP regenerierende System aus Kreatinphosphat und Kreatinkinase wurde immer frisch zu den 10xReplikationsmix gegeben. Das im Baculovirus-Expressionssystem hergestellte SV40 T-Ag wurde von der Arbeitsgruppe von Prof. Dr. R. Knippers zur Verfügung gestellt.

Die Reaktionen wurden auf Eis pipettiert und für 1h bei 37°C inkubiert. Durch Zugabe von 30μl Stoppmix (60mM EDTA, 2% SDS) wurden die Reaktionen abgestoppt. Anschließend wurden die Ansätze für 1h bei 55°C mit 10μl ProteinaseK (2μg/ml) behandelt und die DNA durch eine Phenol-

Chloroform-Extraktion gereinigt. 75µl der oberen Phase wurden danach mit Ethanol gefällt, wobei 0,5 Vol 7,5M NH$_3$Ac, 3 Vol 100% EtOH und 1µl Glycogen als Fällhilfe eingesetzt wurden. Das getrocknete DNA-Pellet wurde in 20µl TE aufgenommen und entweder direkt auf ein 0,8%iges Agarose-Gel (0,5xTBE-Puffer, 1µg/ml EtBr, Laufzeit 16h, 60V) aufgetragen, oder zuvor in einem 25µl Volumen mit der Restriktionsendonuklease *DpnI* verdaut. Das Agarose-Gel wurde auf einem UV-Tisch fotografiert und anschließend für 2h bei 60°C unter Vakuum getrocknet (SLAB Gel Dryer; Model: GD2000, Hoefer). Der radioaktive Einbau wurde über Nacht mit einer „Imaging Plate" (BAS-MS2040, Fujifilm) detektiert und im Fuji Phosphoimager FLA-5100 ausgewertet.

3.7.2 *In vitro* Replikationsansatz mit HeLa-Kernextarkten

Für die *in vitro* Replikation mit Kernextrakten aus HeLa-Zellen wurde eine Vorinkubation in einem 35µl Volumen durchgeführt. 160ng pEPI-UPR-DNA, 5µl ATP (20mM) und 16µg S300-Kernextrakt wurden auf Eis pipettiert, wobei eine NaCl-Konzentration von 80mM durch Zugabe von Kernextraktionspuffer (450mM) eingestellt wurde. Der Ansatz wurde für 20min auf Eis vorinkubiert bevor die Replikation durch Zugabe von 45µg cytosolischen S100-Extrakt, 5µl 10xReplikationsmix (300mM Hepes pH7,8 , 5mM DTT, 30mM MgCl$_2$, je 0,8mM CTP/UTP/GTP, je 1mM dCTP/dTTP/dGTP, 0,1mM dATP, 400mM Kreatinphosphat, 12µg Kreatinkinase), 10µCi α[^{32}p]dATP und 1,2µl KOAc (1M) gestartet wurde. Die Replikation erfolgt für 1h bei 37°C. Nach dem Abstoppen der Reaktion durch Zugabe von 30µl Stoppmix (60mM EDTA, 2% SDS) erfolgt die Aufreinigung der DNA exakt wie unter 3.7.1 beschrieben. Nach ProteinaseK-Behandlung, Phenol-Chloroform-Extraktion und EtOH-Fällung wird die deproteinisierte DNA in 20µl TE aufgenommen und entweder direkt auf ein 0,8%iges Agarose-Gel (0,5xTBE-Puffer, 1µg/ml EtBr, Laufzeit 16h, 30V) aufgetragen, oder zuvor in einem 25µl Volumen mit der Restriktionsendonuklease *DpnI*, *Sau3AI* oder *MboI* verdaut. Die Detektion des radioaktiven Einbaus erfolgt wie unter 3.7.1 beschrieben.
Im Verlauf der hier vorliegenden Arbeit wurde auf eine Vorinkubation verzichtet. In diesen Experimenten wurden alle Komponenten auf Eis pipettiert und die Ansätze anschließend für 1h bei 37°C inkubiert.

3.8 „Electro Mobility Shift Assay" (EMSA)

Die in dieser Arbeit gezeigten Retardationsexperimente wurden in einem 20µl Ansatz durchgeführt. Als DNA-Probe diente eine 72bp langes Oligonukleotid (T$_6$-6-T$_6$)$_3$, das am 5'-Ende mit dem fluoreszierenden Farbstoff Cy5 markiert war. Die im Ergebnisteil angegebenen Proteinmengen, 5µl 4xShiftpuffer (25mM Hepes, 100mM KCl, 5mM MgCl$_2$, 10% Glycerin, 0,1mM EDTA, 0,5mM

ATP, 0,15mg/ml BSA) und 100fmol DNA-Probe wurden zusammen pipettiert und für 20min lichtgeschützt auf Eis inkubiert. Wo angegeben wurde zusätzlich poly(dIdC) als Kompetitor zugegeben. Die 5 bzw. 8%igen nativen 0,25xTBE-PAA-Gele wurden vor dem Beladen der Proben im Kühlraum bei 130V für mindestens 30min laufen gelassen. Anschließend wurden die Proben beladen und für 2,5h bei 300V lichtgeschützt aufgetrennt. Nach dem Lauf wurde das Gel im Fuji Phosphoimager FLA-5100 analysiert.

4 Ergebnisse

4.1 Proteinextrakte aus humanen Zellen unterstützen die DNA-Replikation *in vitro*

Im ersten Teil der vorliegenden Arbeit wurde ein zellfreies, humanes DNA-Replikationssystem etabliert und weiterentwickelt, das auf eigenen Vorarbeiten in der Arbeitsgruppe von Prof. Dr. R. Knippers an der Universität Konstanz aufbaut (Baltin et al., 2006). Ausgehend von einem SV40 *in vitro* Replikationssystem (Gruss, 1999), dass auf cytosolischen Extrakten aus HeLa-Zellen und der Zugabe von rekombinantem T-Ag basiert, wurde ein vollständig lösliches, virusfreies System zur Replikation von Plasmid-DNA entwickelt. Die Aufgaben des viralen Initiators T-Ag werden dabei durch Hochsalz-Extrakte aus HeLa-Zellkernen, die die Chromatin-gebundenen Proteine enthalten, ersetzt. Diese, bei 450mM NaCl präparierten Kernextrakte enthalten die Proteine des eukaryotischen prä-Replikationskomplexes (Kreitz et al., 2001). Die unter hypotonischen Bedingungen präparierten cytosolischen Extrakte (S-100 Extrakte) enthalten alle löslichen Proteine der Zellen, die für die DNA-Synthese notwendig sind. Die biochemische Charakterisierung dieses Systems in den an der Universität Konstanz durchgeführten Vorarbeiten zeigt, dass sowohl die cytosolischen Extrakte als auch die Kernextrakte für die *in vitro* Replikation notwendig sind. Die Replikation in diesem System ist ORC-abhängig und von den replikativen DNA Polymerasen abhängig (Baltin et al., 2006). Bei der Analyse der Replikationsprodukte während der DNA-Replikation sind nach der Denaturierung in alkalischen Agarosegelen sowohl lange als auch kurze (200 - 1000bp) DNA-Stränge detektierbar (Vorwärts- und Rückwärtsstränge), die mit fortlaufender Synthesedauer in DNA-Stränge einheitlicher Länge überführt werden (Baltin et al., 2006). Dieses Experiment zeigt, dass in dem vorgestellten *in vitro* Replikationssystem eine Prozessierung der Replikationsprodukte stattfindet. Des Weiteren hat die DNA-Sequenz der verwendeten Plasmide keinen Einfluss auf die Replikationskompetenz, die Topologie der Plasmide spielt jedoch eine entscheidende Rolle. So dient superhelikale Form I DNA als Substrat für die DNA-Replikation, nicht aber relaxierte Form II oder linearisierte Form III DNA (Odronitz, 2004). Die in diesem Kapitel vorgestellten Experimente dienen zur Etablierung und weiteren Charakterisierung des *in vitro* Replikationssystems. Ein solches vollständig lösliches, virusfreies *in vitro* Replikationssystem, das auf Extrakten aus menschlichen, somatischen Zellen basiert, stellt ein wertvolles, vielseitiges und biochemisch leicht manipulierbares experimentelles Werkzeug zur Charakterisierung der pre-RC-Ausbildung und der Initiation der chromosomalen DNA-Replikation dar.

4.1.1 SV40 T-Antigen abhängige *in vitro* DNA-Replikation

Im ersten vorgestellten Experiment wurde zunächst das SV40 *in vitro* Replikationssystem in diesem Labor etabliert. Ziel war es zu testen, ob der neu präparierte cytosolische Extrakt aus HeLa-Zellen kompetent ist, SV40 Origin-tragende Plasmid-DNA in Abhängigkeit von T-Ag zu replizieren. Dabei diente das von der Arbeitsgruppe von Prof. Dr. R. Knippers zur Verfügung gestellte rekombinante T-Ag als Initiator der DNA-Replikation (Gruss, 1999). Durch die Bindung des T-Ag an den SV40 Origin kommt es zu einer ATP-abhängigen Entwindung der DNA, so dass die im cytosolischen Extrakt enthaltenen Elongationsfaktoren rekrutiert werden können und die DNA-Synthese eingeleitet wird. Der Extrakt wurde unter hypotonischen Bedingungen aus asynchron wachsenden HeLa-Zellen präpariert (3.5.4) und die *in vitro* Replikation nach einem Protokoll von Claudia Gruss (Gruss, 1999) durchgeführt (3.7.1). Ein Überblick des Ablaufes dieser SV40 Replikation ist in Abbildung 3 dargestellt.

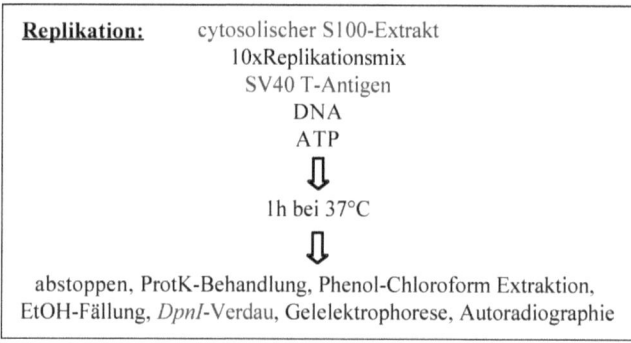

Abb. 3 Die Komponenten des klassischen SV40 *in vitro* Replikationssystems
Dargestellt ist der Ablauf des klassischen SV40 *in vitro* Replikationssystems sowie die einzelnen Schritte der DNA-Aufbereitung. Für Details siehe Text.

Das Plasmid pEPI-UPR (160ng), welches einen SV40 Origin trägt, wurde in zwei Ansätzen zusammen mit SV40 T-Ag, cytosolischem Extrakt, ATP und einem Replikationsmix aus dNTPs, NTPs, $\alpha[^{32}P]$-dATP sowie einem ATP regenerierendem System aus Kreatinphosphat und Kreatinkinase für 1h bei 37°C inkubiert. Zur Kontrolle der T-Ag abhängigen Replikation wurden parallel dazu zwei Ansätze ohne die Zugabe von T-Ag durchgeführt. Nach dem Abstoppen der Reaktionen wurde die Plasmid-DNA gereinigt und die Proteine entfernt. Dazu wurden die Ansätze mit ProteinaseK behandelt und eine Phenol-Chloroform Extraktion durchgeführt. Nach einer Ethanol-Fällung wurde die deproteinisierte DNA aus je einem Ansatz ohne und mit T-Ag unverdaut oder mit der Restriktionsendonuklease *DpnI* (Sanchez et al., 1992) (s.u.) verdaut über eine neutrale

Gelelektrophorese aufgetrennt. Zum Vergleich wurde zusätzlich die exakt gleiche Menge Plasmid-DNA (unverdaut), die im Assay eingesetzt wurde, aufgetragen (Abb. 4A; Spur 1). Die so erhaltenen Replikationsprodukte wurden anschließend in der Autoradiographie des getrockneten Agarosegels analysiert (Abb. 4B).

Die eingesetzte pEPI-UPR DNA war größtenteils in der superhelikalen Form I und zu einem kleinen Teil in der relaxierten Form II vorhanden (Abb. 4A; Spur 1: Input, I). Während des Experiments wurde die negativ superhelikale Form I DNA durch das schrittweise Einfügen von positiven Supercoils entwunden, was das Auftreten einer Topoisomerleiter zur Folge hat (Abb. 4A; Spuren 2 und 3). Die im Zellextrakt vorhanden Topoisomerasen sind für diese Veränderung in der DNA Struktur verantwortlich.

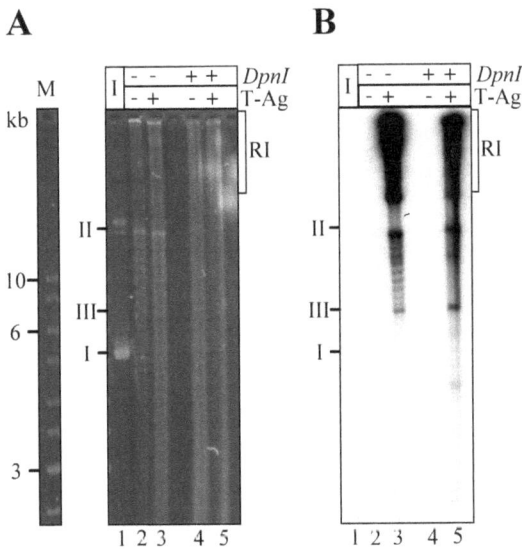

Abb. 4 T-Ag abhängige SV40 *in vitro* Replikation
Die gleiche Menge ungeschnittene (Form I und II) Plasmid-DNA (Spur 1: Input, I) und deproteinisierte DNA aus den Replikationsansätzen ohne (Spur 2) und mit T-Ag (Spur 3) wurden durch neutrale Gelelektrophorese in einem 0,8%igen Agarosegel aufgetrennt. Die DNA aus je einem Ansatz ohne und mit T-Ag wurden nach dem Assay durch die Restriktionsendonuklease *DpnI* verdaute (Spur 4 und 5). Als Plasmid-DNA wurde pEPI-UPR eingesetzt. Spur M zeigt den DNA Längenmarker (1kb-Leiter). (**A**) Ethidiumbromid-gefärbtes Agarosegel (**B**) Autoradiographie des getrockneten Agarosegels. Radioaktiver Einbau ist nur in den Spuren mit T-Ag zu erkennen (Spur 3 und 5). Mit RI ist der Laufbereich der aufgetrennten Replikativen Intermediate bezeichnet. Form III ist das linearisierte Plasmid.

Wurde die deproteinisierte DNA nach dem Experiment mit *DpnI* verdaut, ist die Topoisomerleiter im EtBr-gefärbten Agarosegel nicht zu erkennen (Abb. 4A; Spuren 4 und 5). Grund hierfür ist, dass das verwendete Plasmid aus einem *dam*-positiven *E.coli* Stamm präpariert wurde und deshalb am Adenosinrest der Nukleotidsequenz GATC methyliert ist. Die Restriktionsendonuklease *DpnI* erkennt und schneidet spezifisch nur die methylierte Sequenz, nicht aber dessen hemi- und unmethylierte Form. Eukaryotische Zellen besitzen keine Dam-Methylierungsaktivität. Die DNA wird bei der semikonservativen Replikation in einem eukaryotischen System, welches hier in Form der HeLa-Zellextrakte vorlag, nach einer Replikationsrunde in eine hemi- und nach zwei Runden in eine vollständig unmethylierte Form überführt. Die replizierte DNA ist daher gegen den Abbau durch *DpnI* resistent. pEPI-UPR besitzt 26 solche GATC Sequenzen und das größte erwartete *DpnI*-Abbauprodukt hat eine Größe von 1,2kbp. In dem hier verwendeten Replikationssystem kann somit zwischen nicht replizierter, vollständig methylierter Input DNA und replizierter, hemi- bzw. unmethylierter DNA unterschieden werden. Der Anteil replizierter DNA liegt in diesem zellfreien Replikationssystem jedoch unter der Detektionsgrenze der EtBr-Färbung.

Zwischen den Ansätzen ohne und mit T-Ag lassen sich im EtBr-gefärbten Gel keine Unterschiede ausmachen. Bei der Betrachtung der Autoradiographie ist zu erkennen, dass nur in den Ansätzen mit T-Ag α[^{32}P]-dATP eingebaut wurde (Abb. 4B; Spur 4 und 5). In dem unverdauten Ansatz mit T-Ag ist die Topoisomerleiter zu erkennen. Ein Großteil der Replikationsprodukte lag hier in Form von replikativen Intermediaten (RI) vor. Solche Strukturen können unvollständig replizierte Plasmid-DNA, Dimere, Konkatemere oder andere, weniger gut definierte, hochmolekulare Strukturen sein. Wurden die Replikationsprodukte vor der Gelelektrophorese mit *DpnI* verdaut, ist keine Topoisomerleiter zu erkennen. Hier lag die replizierte DNA vorwiegend in der genickten Form II, der linearisierten Form III sowie als RI vor (Abb. 4B; Spur 5).

Zusammenfassend lässt sich sagen, dass das SV40 *in vitro* Replikationssystems erfolgreich reproduziert wurde. Replikationsprodukte waren, wie erwartet, nur in den Ansätzen mit T-Ag detektierbar. Des Weiteren zeigt sich, dass der verwendete cytosolische Extrakt die T-Ag abhängige *in vitro* DNA-Replikation unterstützt.

4.1.2 Extrakte von Chromatin-gebundenen Proteinen aus HeLa-Zellen ersetzen die Aufgaben des SV40 T-Ag in der *in vitro* DNA-Replikation

Nachdem die Replikationskompetenz des cytosolischen Extrakts im SV40 *in vitro* System erfolgreich getestet wurde, sollte dieser Ansatz zum Aufbau eines nicht viralen, zellfreien, humanen *in vitro* Replikationssystems benutzt werden. Die Initiationsfunktionen des T-Ag wurden dabei durch zelluläre Faktoren ersetzt. Diese liegen hauptsächlich in den Kernextrakten vor, die die

Chromatin-gebundenen Proteine enthalten (Kreitz et al., 2001). Die Extrakte wurden aus asynchron wachsenden HeLa-Zellen präpariert, wobei die Chromatin-gebundenen Proteine unter Hochsalz-Bedingungen eluiert wurden (3.5.4). Das Verhältnis von Chromatin-gebundenen Proteinen (16µg) zu löslichen Proteinen (45µg) in einem Gesamtreaktionsvolumen von 50µl wurde zunächst aus früheren Arbeiten übernommen (Matheos et al., 2002). Der Ablauf der *in vitro* Replikation ist in Abbildung 5 schematisch dargestellt und unter 3.7.2 im Detail beschrieben.

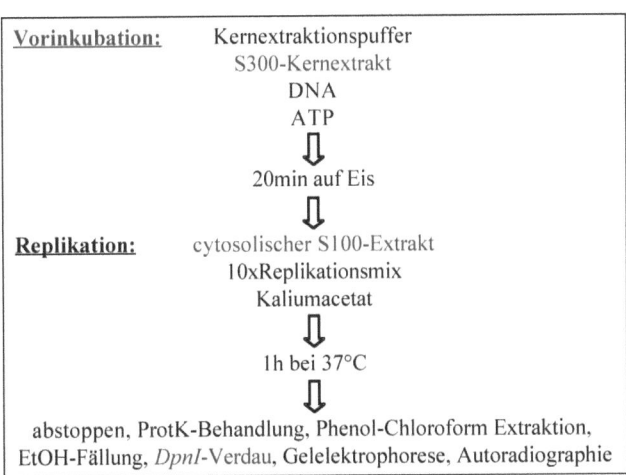

Abb. 5 Komponenten des *in vitro* Replikationssystems mit menschlichen Kernextrakten
Dargestellt ist der Ablauf des *in vitro* Replikationssystems, das auf der Zugabe von Kernextrakt und cytosolischen Extrakt aus HeLa-Zellen basiert. Im Unterschied zu dem SV40 System wurde eine Vorinkubation durchgeführt. Für Details siehe Text.

Um die Bindung der prä-Replikationskomponenten auf dem pEPI-UPR Plasmid zu erlauben, wurde eine Vorinkubation der DNA mit den Chromatin-gebundenen Proteinextrakten mit 5mM ATP für 20min auf Eis durchgeführt (Berberich et al., 1995). Nach der Vorinkubation wurde die Replikation durch die Zugabe von cytosolischem Extrakt und dem Replikationsmix aus dNTPs, NTPs, α[^{32}P]-dATP sowie einem ATP regenerierendem System aus Kreatinphosphat und Kreatinkinase gestartet. Um die Salzkonzentration während des Assays konstant auf 80mM Kaliumacetat (KOAc) zu halten, wurden Kernextraktionspuffer bzw. KOAc zugegeben. Die eingesetzte Menge von α[^{32}P]-dATP (10µCi) wurde aus der Arbeit von Pearson übernommen (Pearson et al., 1991). Die Replikationsansätze wurden für 1h bei 37°C inkubiert. Anschließend wurde die DNA in deproteinisierter Form durch neutrale Gelelektrophorese in einem Agarosegel aufgetrennt und die

Replikationsprodukte mittels Autoradiographie des getrockneten Gels analysiert. Zur Charakterisierung der Replikationsprodukte wurde neben der Restriktionsendonuklease *DpnI* auch *Sau3AI* verwendet. *Sau3AI* erkennt und schneidet die gleiche Nukleotidsequenz wie *DpnI* (siehe 4.1.1), jedoch ist ihre Aktivität nicht methylierungsabhängig. Somit wird nicht nur die vollständig methylierte Input DNA, sondern auch die replizierte hemi- und unmethylierte DNA verdaut (Sanchez et al., 1992). Diese enzymatische Charakterisierung erlaubt die Unterscheidung des Nukleotideinbaus aufgrund von Replikation von dem Einbau, der auf andere Ereignisse wie beispielsweise Reparatur basiert.

Ziel des in Abbildung 6 gezeigten Versuchs war es, das virusfreie, lösliche *in vitro* Replikationssystem in diesem Labor zu etablieren und die Replikationsprodukte durch einen enzymatischen Verdau mit *DpnI* bzw. *Sau3AI* zu charakterisieren. In drei parallel durchgeführten Ansätzen wurden je 160ng pEPI-UPR DNA analysiert. Die deproteinisierte und *DpnI* bzw. *Sau3AI* verdaute DNA aus zwei Ansätzen wurde über neutrale Gelelektrophorese in einem 0,8%ige Agarosegel aufgetrennt. Die DNA aus einem Ansatz wurde unverdaut aufgetragen. Zum Vergleich der DNA aus den Ansätzen der *in vitro* Replikation wurden je gleiche Mengen unverdauter (Abb. 6; Spur 1) und durch einen *EcoRI*-Verdau linearisierter DNA (Abb. 6; Spur 2) aufgetragen. Im Input des EtBr-gefärbten Agarosegels sind die superhelikale Form I und die genickte Form II DNA zu sehen. Die liniearisierte Form III DNA läuft im Gel mit der erwarteten Größe (Abb. 6A). Alle drei DNA Formen sind auch im Ansatz mit der unverdauten DNA aus der *in vitro* Replikation vertreten (Abb. 6; Spur 3). Wird die DNA mit *DpnI* bzw. *Sau3AI* verdaut sind in der EtBr-Färbung lediglich die Abbauprodukte zu erkennen (Abb. 6A; Spuren 4 bzw. 5). Das Auftauchen von weiteren Abbauprodukten nach dem *Sau3AI*-Verdau im Vergleich zum *DpnI*-Verdau ist mit einer unterschiedlichen Enzymaktivität zu erklären. Die Aktivität von *Sau3AI* kann im Gegensatz zu *DpnI* durch überlappende CpG-Methylierung inhibiert werden. Dies resultiert in einem unterschiedlichen Bandenmuster. Das Ergebnis der Autoradiographie verdeutlicht, dass es während des Versuchs zum Einbau von α[^{32}P]-dATP gekommen ist (Abb. 6B). Der unverdaute Ansatz zeigt radioaktiven Einbau in allen drei DNA Formen sowie in DNA Strukturen, die nicht ins Gel einlaufen konnten (Abb. 6B; Spur 3). Der größte Teil des radioaktiven Einbaus ist in den *DpnI* sensitiven Fragmenten zu finden. *DpnI* resistente und somit replizierte DNA konnte in kleinen, jedoch signifikanten Mengen in der Form II und III DNA detektiert werden (Abb. 6B; Spur 4). Durch *Sau3AI* wurden auch diese *DpnI* resistenten Replikationsprodukte verdaut. Radioaktiver Einbau war nach dem *Sau3AI*-Verdau nur noch in den Abbauprodukten zu erkennen (Abb. 6B; Spur 5).

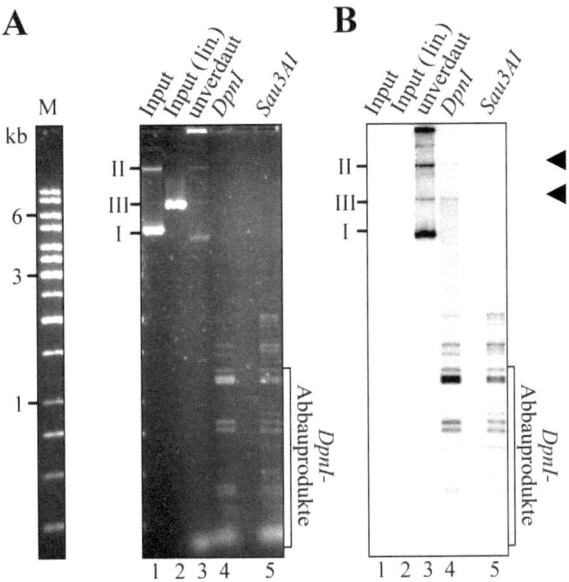

Abb. 6 Chromatin-gebundene Proteine aus HeLa-Zellen unterstützen die *in vitro* DNA-Replikation

In vitro DNA-Replikationsansätze wurden mit pEPI-UPR DNA durchgeführt. Unverdaute Form I und II DNA (Spur 1), durch einen *EcoRI*-Verdau linearisierte Form III DNA (Spur 2) und deproteinisierte DNA aus dem Assay (Spur 3) wurden durch neutrale Gelelektrophorese in einem 0,8%igen Agarosegel aufgetrennt. Die deproteinisierte DNA aus zwei Ansätzen wurde zusätzlich mit den Restriktionsendonukleasen *DpnI* bzw. *Sau3AI* verdaut (Spuren 4 und 5). (**A**) EtBr-gefärbtes Gel. Spur M zeigt den DNA Längenmarker (1kb-Leiter). (**B**) Autoradiographie des getrockneten Agarosegels. Der Bereich der erwarteten *DpnI*-Abbauprodukte ist markiert. Pfeile markieren die Replikationsprodukte der Form II und III DNA.

Die in diesem Abschnitt vorgestellten Ergebnisse zeigen, dass die Aufgaben des viralen Initiators T-Ag durch Hochsalz-Extrakte aus HeLa-Zellen, die die Chromatin-gebundenen Proteine enthalten, in einem vollständig löslichen, virusfreien *in vitro* Replikationssystem ersetzt werden können. Die enzymatische Charakterisierung der Replikationsprodukte zeigt, dass ein geringer Teil der vollständig methylierten Input DNA durch semikonservative Replikation in eine hemi- oder unmethylierte DNA Form umgewandelt und so gegen den Abbau durch *DpnI* resistent wird.

4.1.3 Aphidicolin hemmt die *in vitro* DNA-Replikation

Der in diesem Abschnitt beschriebene Replikationsansatz sollte die unter 4.1.2 beschriebenen *DpnI* resistenten Replikationsprodukte näher charakterisieren. Es sollte untersucht werden, ob die beobachteten Replikationsprodukte tatsächlich auf Replikation zurückzuführen sind. Dazu wurden die Extrakte mit Aphidicolin behandelt (Braguglia et al., 1998). Aphidicolin inhibiert durch Kompetition mit dNTPs um Bindestellen spezifisch die DNA abhängige DNA-Polymerase δ und den Pol α / Primase-Komplex (Goscin und Byrnes, 1982; Huberman, 1981; Ikegami et al., 1978; Lee et al., 1981; Pedrali-Noy et al., 1982). Des Weiteren sollte in diesem Versuchsansatz durch einen zusätzlichen *MboI*-Verdau gezeigt werden, dass die Plasmid-DNA lediglich eine Runde der DNA-Replikation durchläuft. *MboI* ist wie *Sau3AI* (siehe 4.1.2) ein Isoschizomer von *DpnI*, erkennt und schneidet jedoch nur die vollständig unmethylierte Erkennungssequenz GATC. Durch den Einsatz von *MboI* lassen sich also nur Replikationsprodukte verdauen, die zweimal in dem eukaryotischen System repliziert wurden und dadurch die Dam-Methylierung vollständig verloren haben.

In diesem Experiment wurden alle Komponenten ohne Vorinkubation direkt bei 37°C für 1h inkubiert (3.7.2). In zwei Ansätzen wurden verschiedene Aphidicolin Konzentrationen (15µM und 30µM) in jeweils gleichen Volumen zugegeben. Da Aphidicolin in DMSO gelöst ist, wurden zwei parallele Kontrollen durchgeführt. Um auszuschließen, dass DMSO einen Einfluss auf die *in vitro* DNA-Replikation hat, wurde einem Ansatz das gleiche Volumen DMSO zugegeben. Da die Ansätze durch die Zugabe von Aphidicolin bzw. DMSO leicht verdünnt wurden, enthielten zwei weitere Kontrollansätze das gleiche Volumen Wasser. Alle Ansätze wurden vor der Gelelektrophorese mit *DpnI* verdaut. Die deproteinisierte DNA aus einen der beiden Wasserkontrollen wurde zusätzlich mit *MboI* verdaut. Im EtBr-gefärbten Agarosegel sind keine Unterschiede in den einzelnen Ansätzen zu erkennen (Abb. 7A). Zum Vergleich wurde die gleiche Menge pEPI-UPR DNA aufgetragen, die in den Replikationsansätzen eingesetzt wurde (Abb. 7A; Spur 1). In der Autoradiographie (Abb. 7B) erkennt man in den drei Kontrollen die *DpnI* resistenten Replikationsprodukte, wobei DMSO keinen Effekt auf die Replikation hatte (Spur 4). Nach der Zugabe von 15µM bzw. 30µM Aphidicolin waren keine *DpnI* resistenten Replikationsprodukte detektierbar, was darauf hindeutet, dass hier die DNA-Replikation vollständig gehemmt wurde und von der DNA-Polymerase δ bzw. dem Pol α / Primase-Komplex abhängig ist (Spuren 5 und 6). Die Menge an *DpnI* sensitiven Produkten, sowie deren radioaktiver Einbau war jedoch in der DMSO Kontrolle und den Ansätzen mit Aphidicolin konstant. Die beiden Wasser Kontrollen (Spuren 2 und 3) zeigen sowohl in der EtBr-Färbung als auch in der Autoradiographie das exakt gleiche Bandenmuster. Dies lässt darauf schließen, dass in dem hier vorgestellten *in vitro*

Replikationssystem nur eine Runde der DNA-Replikation stattfindet. Nach der Inkubation lag keine vollständig unmethylierte und somit *MboI* sensitive DNA vor, wie es nach zwei Runden der semikonservativen DNA-Replikation zu erwarten wäre.

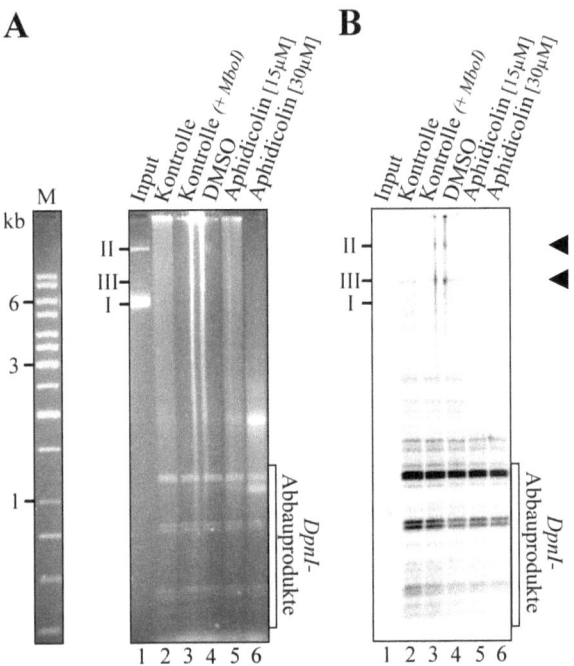

Abb. 7 Aphidicolin hemmt die *in vitro* DNA-Replikation
In vitro Replikationsansätze mit pEPI-UPR DNA wurden nach Zugabe von 1µl Wasser (Spuren 2 und 3), DMSO (Spur 4) oder Aphidicolinlösung unterschiedlicher Konzentrationen (Spuren 5 bzw. 6; Endkonzentrationen 15µM bzw. 30µM) durchgeführt. Die Ansätze wurden anschließend mit *DpnI* verdaut und über ein 0,8%iges Agarosegel aufgetrennt. Als zusätzliche Kontrolle der Replikationsprodukte wurde ein Ansatz mit *DpnI* und *MboI* verdaut (Spur 3). (**A**) Ethidiumbromid-gefärbtes Agarosegel. Spur M zeigt den DNA Längenmarker (1kb-Leiter). (**B**) Autoradiographie des getrockneten Agarosegels. Der Bereich der erwarteten *DpnI*-Abbauprodukte ist markiert. Pfeile markieren die Replikationsprodukte der Form II und III DNA.

Die hier beschriebenen Ergebnisse zeigen, dass die *in vitro* DNA-Replikation in diesem System von der DNA-Polymerase δ bzw. dem Pol α / Primase-Komplex abhängig ist. Des Weiteren wird gezeigt, dass die DNA einmal repliziert wird, da keine *MboI* sensitiven und somit vollständig unmethylierten Replikationsprodukte detektiert werden konnten.

4.1.4 Die *in vitro* DNA-Replikation findet nur bei niedrigen Salzkonzentrationen statt

Zur näheren Charakterisierung der Replikationsbedingungen wurde in einem weiteren Experiment pEPI-UPR DNA unter zwei verschiedenen Salzkonzentrationen repliziert. Aus *in vitro* Transkriptionssystemen geht hervor, dass die Salzkonzentration von entscheidender Bedeutung für die Aktivität der RNA Polymerase II ist. So konnte in diesen Studien eine maximale Aktivität zwischen 40 und 80mM KCl nachgewiesen werden. Bei höheren Salzkonzentrationen (160mM) hingegen, sank die Polymerase-Aktivität auf 20% (Weil et al., 1979). Die Frage, ob diese Beobachtungen auch für das hier vorgestellte *in vitro* Replikationssystem gelten wird in diesem Abschnitt behandelt.

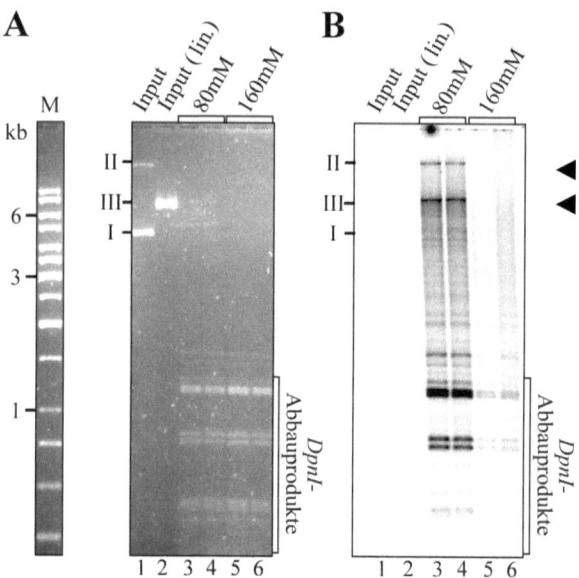

Abb. 8 *In vitro* DNA-Replikation mit unterschiedlichen Salzkonzentrationen

In vitro Replikationsansätze mit pEPI-UPR wurden bei zwei unterschiedlichen Salzkonzentrationen (80mM und 160mM KOAc) in jeweils Doppelansätzen durchgeführt. Je gleiche Mengen ungeschnittene DNA (Spur 1), durch einen *EcoRI*-Verdau linearisierte DNA (Spur 2) und deproteinisierte, *DpnI* verdaute DNA aus den unterschiedlichen Ansätzen (80mM: Spuren 3 und 4; 160mM: Spuren 5 und 6) wurden durch neutrale Gelelektrophorese in einem 0,8%igen Agarosegel aufgetrennt.
(A) Ethidiumbromid-gefärbtes Gel. Spur M zeigt den DNA Längenmarker.
(B) Autoradiographie des getrockneten Agarosegels. Der Bereich der erwarteten *DpnI*-Abbauprodukte ist markiert. Pfeile markieren die Replikationsprodukte der Form II und III DNA.

Für diese Untersuchungen wurden sowohl für die niedrige Standardsalzkonzentration (80mM) als auch für die hohe Salzkonzentration (160mM) Doppelansätze pipettiert. Die Salzkonzentrationen wurden durch Zugabe von Kaliumacetat (KOAc) in den verschiedenen Replikationsansätzen eingestellt. Die *in vitro* Replikation erfolgte im Anschluss unter Standardbedingungen (3.7.2). Alle parallel behandelten Ansätze wurden vor der Gelelektrophorese mit *DpnI* verdaut. Im EtBr-gefärbten Gel lassen sich keine Unterschiede zwischen den beiden Salzkonzentrationen feststellen. Zum Vergleich der Replikationsprodukte wurden je gleiche Mengen unverdaute und durch einen *EcoRI*-Verdau linearisierte pEPI-UPR DNA aufgetragen (Abb. 8A). Beim Vergleich der unterschiedlichen Replikationsbedingungen in der Autoradiographie ist zu erkennen, dass *DpnI* resistente Replikationsprodukte in der Form II und III DNA nur in den Ansätzen mit 80mM KOAc detektierbar waren (Abb. 8B; Spuren 3 und 4). Die erhöhte Salzkonzentration von 160mM KOAc führte zu einer Inhibition der *in vitro* Replikation (Spuren 5 und 6). Nach dem *DpnI*-Verdau waren hier in der Autoradiographie keine Replikationsprodukte zu erkennen und der Gesamteinbau von $\alpha[^{32}P]$-dATP war auch in den *DpnI* sensitiven Abbauprodukten deutlich geringer.

Dieses Ergebnis zeigt, dass bei einer zu hohen Salzkonzentration keine Replikation stattfindet und auch der nicht replikationsabhängige radioaktive Einbau stark abnimmt.

4.1.5 Chromatin-verpackte DNA ist kein Substrat für die *in vitro* DNA-Replikation

In der Zelle liegt die DNA als Nukleosomen-verpacktes Chromatin vor. In dem hier vorgestellten Versuch wurde daher untersucht, ob Chromatin-verpackte Plasmide als Substrat für die *in vitro* DNA-Replikation geeignet sind. Für dieses Experiment wurden in der Arbeitsgruppe von Dr. P. Korber (Adolf-Butenandt-Institut, München) pEPI-UPR Plasmide mittels Salzdialyse in Nukleosomen verpackt (Hertel et al., 2005). Dabei wurden drei unterschiedliche DNA:Histon-Massenverhältnisse gewählt (1:0,8 / 1:1 / 1:1,2). Bei einem Verhältnis von 1:0,8 konnte nach einer MNase-Behandlung Protein-freie DNA detektiert werden. Eine vollständigere Chromatin-Verpackung der DNA wurde mit DNA:Histon-Verhältnissen von 1:1 und 1:1,2 erreicht (Hertel et al., 2005).

Bei der in diesem Abschnitt gezeigten *in vitro* DNA-Replikation (Abb.9) diente neben den verpackten pEPI-UPR Plasmiden in einem Parallelansatz auch unverpackte DNA als Substrat. Alle vier Ansätze wurden parallel, wie unter 3.7.2 beschrieben, behandelt und die deproteinisierte, *DpnI* verdaute DNA durch neutrale Gelelektrophorese aufgetrennt. In der Kontrollspur wurde die gleiche Menge DNA aufgetragen (160ng; Spur 1). In dem EtBr-gefärbten Gel lassen sich keine Unterschiede zwischen den unterschiedlichen Ansätzen erkennen (Abb. 9A). Betrachtet man dagegen die Autoradiographie in Abbildung 9B, fällt auf, dass nur in dem Ansatz mit unverpackter

DNA *DpnI* resistente Replikationsprodukte der Form II und III DNA detektierbar waren (Spur 2). Die Verwendung von Histon-rekonstituierter DNA als Substrat führte dagegen zu einer Inhibition der Replikation (Spuren 3 bis 5). In dem Ansatz mit verpackter DNA, die bei einem DNA:Histon-Verhältnis von 1:0,8 rekonstituiert wurde, waren geringe Mengen an *DpnI* resistenten Replikationsprodukten der Form II und III DNA detektierbar (Spur 3). Dagegen wurde die Replikation in den Ansätzen mit verpackter DNA, die bei DNA:Histon-Verhältnissen von 1:1 (Spur 4) und 1:1,2 (Spur 5) rekonstituiert wurden, vollständig inhibiert und es waren nur *DpnI* sensitive Produkte detektierbar.

Zusammenfassend lässt sich sagen, dass die Rekonstitution der Plasmide mit Histonen in dem hier vorgestellten *in vitro* Replikationssystem zu einem Rückgang der Replikationseffizienz führt.

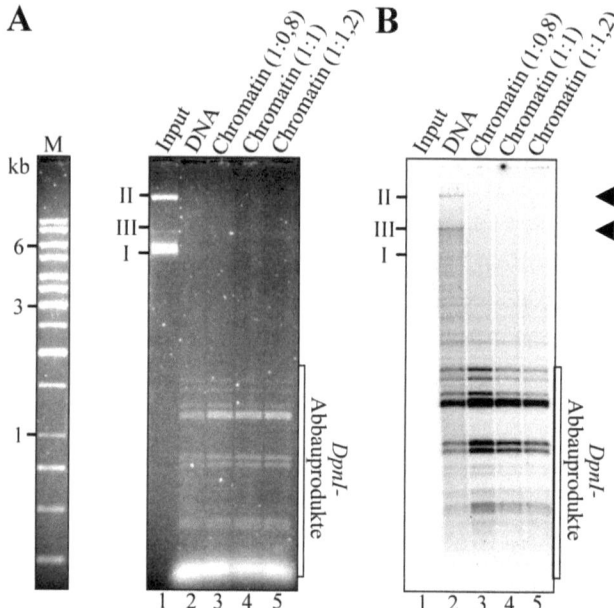

Abb. 9 Chromatin-verpackte DNA inhibiert die *in vitro* DNA-Replikation
pEPI-UPR Plasmide wurden durch Salzdialyse in Nukleosomen verpackt (DNA:Histon-Massenverhältnisse 1:0,8 / 1:1 / 1:1,2) und als Substrat für die *in vitro* Replikation verwendet (Spuren 3-5). Zur Kontrolle der Replikation wurde ein paralleler Ansatz mit unverpackter DNA (Spur 2) durchgeführt. Gleiche Mengen ungeschnittene DNA (Spur 1: Input) und deproteinisierte, *DpnI*-verdaute DNA aus den unterschiedlichen Ansätzen (Spuren 2-5) wurden durch neutrale Gelelektrophorese in einem 0,8%igen Agarosegel aufgetrennt. **(A)** EtBr-gefärbtes Gel. Spur M zeigt den DNA Längenmarker. **(B)** Autoradiographie des getrokneten Agarosegels. Der Bereich der erwarteten *DpnI* Abbauprodukte ist markiert. Pfeile markieren die Replikationsprodukte der Form II und III DNA.

4.2 Die Regulation der *in vitro* DNA-Replikation

Nach der erfolgreichen Etablierung des *in vitro* Replikationssystems wird im folgenden Kapitel die Regulation der *in vitro* DNA-Replikation näher untersucht. Die zelluläre DNA-Replikation ist zellzyklusabhängig reguliert, wobei die Ausbildung des pre-RCs ausschließlich in der G1-Phase und die Initiation auschließlich in der S-Phase stattfindet (Stillman, 1996). In den folgenden Studien wird geprüft, ob die Effizienz der DNA-Replikation in dem hier vorgestellten *in vitro* System ebenfalls zellzyklusabhängig ist. Ein solches System würde nicht nur mechanistische Studien der an der DNA-Replikation beteiligten essentiellen Faktoren ermöglichen, sondern auch die Regulation der Abläufe untersuchbar machen. Durch Verwendung von Extrakten aus synchronisierten HeLa-Zellen wird der Frage nachgegangen, ob die Aktivität dieser Extrakte vom Zellzykluskontrollsystem abhängig ist.

4.2.1 Extrakte aus G1-Phase synchronisierten Zellen unterstützen nicht die *in vitro* DNA-Replikation

Zur Untersuchung, ob die Replikation der Plasmid-DNA in dem hier vorgestellten *in vitro* System zellzyklusabhängig stattfindet, wurden Extrakte aus synchronisierten HeLa-Zellen präpariert. Die Zellen wurden mit einem doppelten Thymidinblock am G1/S-Phase- Übergang synchronisiert und die Extrakte entweder direkt (G1/S) oder nach einem Entlass aus dem Block für 5 Stunden (5hS), 7,5 Stunden (7,5h) bzw. 15,5 Stunden (G1 15,5h) präpariert (3.2.3). Zur Kontrolle des synchronen Wachstums wurden die Zellen mit Propidiumiodid (PI) gefärbt und der DNA-Gehalt durch FACS-Analyse bestimmt (3.2.4). Asynchron wachsende HeLa-Zellen wurden zur Kontrolle ebenfalls mit PI gefärbt und analysiert (Abb. 10A). Die cytosolischen Extrakte und die Hochsalz-Kernextrakte, die die Chromatin-gebundenen Proteine enthalten, wurden zu den entsprechenden Zeiten der Synchronisation präpariert (3.5.4). Das Vorhandensein von zwei an der Ausbildung des pre-RCs beteiligten Proteinen (Orc2 und Mcm3) sowie der regulatorischen Cycline A, E und B in den Extrakten der Chromatin-gebundenen Proteine wurden im Western Blot mit Hilfe spezifischer Antikörper kontrolliert (Abb. 10B). Die zu den jeweiligen Zeiten der Synchronisation präparierten Extrakte wurden dann auf ihre Replikationskompetenz im *in vitro* Replikationssystem getestet (3.7.2). Die Ergebnisse der *in vitro* DNA-Replikation sind in Abbildung 10C und 10D gezeigt.

Die FACS-Analyse von asynchron wachsenden Kulturen (as) zeigt, dass sich der größte Teil der Zellen in der G1-Phase befand und einen doppelten Chromosomensatz (2n) besaß. Eine zweite Population von Zellen verfügte über einen 4-fachen Chromosomensatz (4n) und war in der G2/M-Phase. Die Zellen mit einem Chromosomensatz zwischen 2n und 4n befanden sich in der S-Phase. Die Analysen der synchronisierten Zellen zeigen, dass 15,5h nach dem Entlass aus dem doppelten

Thymidinblock die meisten Zellen in der G1-Phase waren und einen doppelten Chromosomensatz hatten (G1 15,5h). Zellen im Block (G1/S) zeigen einen verbreiterten G1-Gipfel und befanden sich am G1/S-Phase Übergang. Entließ man die Zellen für 5h aus dem Block, waren die meisten Zellen in der S-Phase und nach 7,5h in der späten S-Phase (Abb. 10A).

Bei der Betrachtung der Western Blot-Analysen in Abbildung 10B zeigt sich das erwartete Zellzyklusmuster der untersuchten Proteine. Der Gehalt der drei untersuchten Cycline war in den Extrakten der G1-Phase sehr gering (G1 15,5h). CyclinE war am Übergang von der G1 zur S-Phase (G1/S) am besten detektierbar und nahm mit voranschreitender S-Phase wieder ab. CyclinA hingegen war in den Extrakten während der gesamten S-Phase detektierbar (G1/S, 5hS, und 7,5hS). Ein leichter Anstieg des CyclinB-Gehalts in den hier untersuchten Extrakten konnte in der späten S-Phase beobachtet werden (7,5hS). Die pre-RC-Komponente Orc2 war wie erwartet über den gesamten Zellzyklus an Chromatin gebunden, wohingegen der Gehalt an Chromatin-gebundenem Mcm3 in Extrakten der G1/S-Phase am höchsten war und mit fortschreitender S-Phase abnahm (Mendez und Stillman, 2000; Ritzi et al., 1998).

Betrachtet man die Ergebnisse der *in vitro* DNA-Replikation, zeigen sich im EtBr-gefärbten Agarosegel (Abb. 10C) keine Unterschiede zwischen den parallel durchgeführten Ansätzen. Zum Vergleich wurde die gleiche Menge pEPI-UPR DNA aufgetragen, die in den Replikationsansätzen eingesetzt wurde (Spur 1). Zur Kontrolle des vollständigen *DpnI*-Verdaus wurde die gleiche Menge der eingesetzten DNA mit *DpnI* verdaut und aufgetragen (Spur 2). In der Autoradiographie (Abb. 10D) wird deutlich, dass die Extrakte aus asynchron wachsenden und G1/S-Phase-arretierten HeLa-Zellen replikationskompetent waren und *DpnI*-resistente Replikationsprodukte der Form II und III DNA detektierbar waren (Spuren 3 bzw. 5). Etwas weniger *DpnI*-resistente DNA konnte in den Ansätzen der S-Phase-Extrakte detektiert werden (Spuren 6 bzw. 7). Dies deutet auf eine geringere Replikationseffizienz dieser Extrakten hin. In den Ansätzen mit G1-Phase-Extrakten hatte dagegen weniger radioaktiver Einbau stattgefunden und es konnten keine *DpnI*-resistenten Replikationsprodukte der Form II und III DNA detektiert werden (Spur 4).

Aus den hier beschriebenen Ergebnissen geht hervor, dass die Synchronisation der HeLa-Zellen mit einem doppelten Thymidinblock und anschließendem Entlass aus dem Block gut funktioniert hat und die im Western Blot untersuchten Proteine das erwartete Verhalten über den Zellzyklus zeigen. Die DNA-Replikation in dem hier vorgestellten *in vitro* System unterliegt der Zellzyklusregulation, da die Extrakte aus G1-Phase synchronisierten Zellen nicht replikationskompetent sind. Dies ist die Grundlage für weitere Zellzyklusstudien.

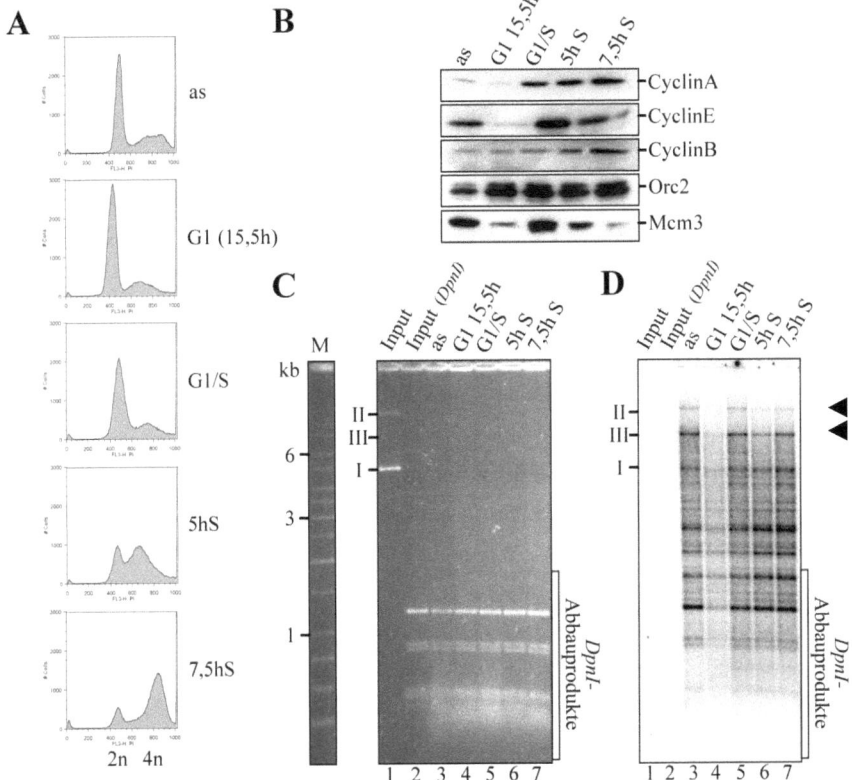

Abb. 10 Die *in vitro* Replikation mit HeLa-Zellextrakten ist zellzyklusabhängig

In vitro Replikationsansätze mit pEPI-UPR DNA wurden in fünf parallelen Ansätzen durchgeführt. Hierbei wurden lösliche und Chromatin-gebundene Proteine aus asynchron wachsenden HeLa-Zellen (as), von Zellen in der G1-Phase (G1 15,5h), am G1/S-Phase-Übergang (G1/S) oder in der S-Phase (5h oder 7,5h nach dem Entlass aus dem Block am G1/S-Phase Übergang) eingesetzt. Je gleiche Mengen ungeschnittene Form I und II DNA (Spur 1), *DpnI* verdaute DNA (Spur 2) und deproteinisierte, *DpnI* verdaute DNA aus den unterschiedlichen Ansätzen (Spuren 3-7) wurden durch neutrale Gelelektrophorese in einem 0,8%igen Agarosegel aufgetrennt. **(A)** FACS-Analysen der synchronisierten HeLa-Zellen zu den jeweiligen Zeiten der Extraktpräparationen. **(B)** Chromatin-gebundene Proteinextrakte aus den unterschiedlichen Zellzyklusphasen wurden im Western Blot mit spezifischen Antikörpern auf das Vorhandensein von CyclinA, CyclinE, CyclinB, Orc2 und Mcm3 analysiert. **(C)** Ethidiumbromid-gefärbtes Agarosegel des *in vitro* Replikationsassays. Spur M zeigt den DNA Längenmarker (1kb-Leiter). **(D)** Autoradiographie des getrockneten Agarosegels. Der Bereich der erwarteten *DpnI*-Abbauprodukte ist markiert. Pfeile markieren die Replikationsprodukte der Form II und III DNA.

4.2.2 CyclinA ist essentiell für die *in vitro* DNA-Replikation in Extrakten aus G1/S-Phase synchronisierten HeLa-Zellen

Aus den Ergebnissen in 4.2.1 geht hervor, dass die Extrakte aus HeLa-Zellen, die in der G1-Phase synchronisiert wurden nicht replikationskompetent sind. Wie in der Einleitung beschrieben, spielen die Cycline bei der Ausbildung des pre-RCs und bei der Initiation der DNA-Replikation eine entscheidende Rolle. In den Western Blots in 4.2.1 ist zu erkennen (Abb. 10B), dass das Cyclin Niveau in G1-Phase-Kernextrakten gering ist, wohingegen im G1/S-Phase-Kernextrakt ein hoher Gehalt an CyclinE und CyclinA detektiert werden konnte. Um die Frage zu beantworten, ob das niedrige CyclinA Niveau für die Inhibition der *in vitro* DNA-Replikation verantwortlich ist, wurde CyclinA mit spezifischen Antikörpern aus den G1/S-Phase-Kernextrakten (Chromatin-gebundene Proteine) depletiert (3.5.5). Zur Kontrolle wurde ein Extrakt mit unspezifischen IgG-Antikörpern immunpräzipitiert. Gleiche Mengen des unbehandelten Extrakts (I), des Überstands aus der Immundepletion (ÜS) und des Eluats der ProteinA-Sepharose-Beads (E) wurden über SDS-PAGE aufgetrennt und zur Kontrolle mit einem spezifischen CyclinA-Antikörper im Western Blot analysiert. Wie in Abbildung 11A zu erkennen ist, wurde CyclinA aus dem Kernextrakt quantitativ depletiert. CyclinA konnte jedoch nicht mehr von den Sepharose-Beads eluiert werden, was auf die ungenügenden Elutionsbedingungen zurückzuführen ist. Die Überstände der CyclinA Depletion und der IgG-Kontrolle wurden anschließend im *in vitro* DNA-Replikationssystem getestet (Abb. 11B und C). pEPI-UPR DNA wurde wie unter 3.7.2 beschrieben mit dem CyclinA depletierten bzw. Kontrollantikörper behandelten Extrakt inkubiert. Die deproteinisierte und *DpnI* verdaute DNA aus diesen Ansätzen, sowie aus einem Ansatz mit unbehandeltem Extrakt, wurden über neutrale Gelelektrophorese aufgetrennt. Zur Kontrolle wurde die gleiche Menge pEPI-UPR DNA aufgetragen, die in den Replikationsansätzen eingesetzt wurde (Spur 1). Im EtBr-gefärbten Agarosegel lassen sich keine Unterschiede zwischen den drei Ansätzen erkennen (Abb. 11B). Das typische *DpnI*-Abbaumuster zeigt, dass in allen drei Ansätzen gleich viel DNA eingesetzt wurde. Betrachtet man dagegen die Autoradiographie in Abbildung 11C wird deutlich, dass in den Ansätzen mit unbehandelten (Spur 2) und mit IgG-Antikörpern behandelten Extrakt (Spur 4) *DpnI*-resistente Replikationsprodukte detektierbar waren. Der CyclinA depletierte Ansatz hingegen zeigte keine solchen Replikationsprodukte (Spur 3). Der radioaktive Einbau in die *DpnI*-sensitive DNA ist jedoch in allen drei Ansätzen gleich stark.

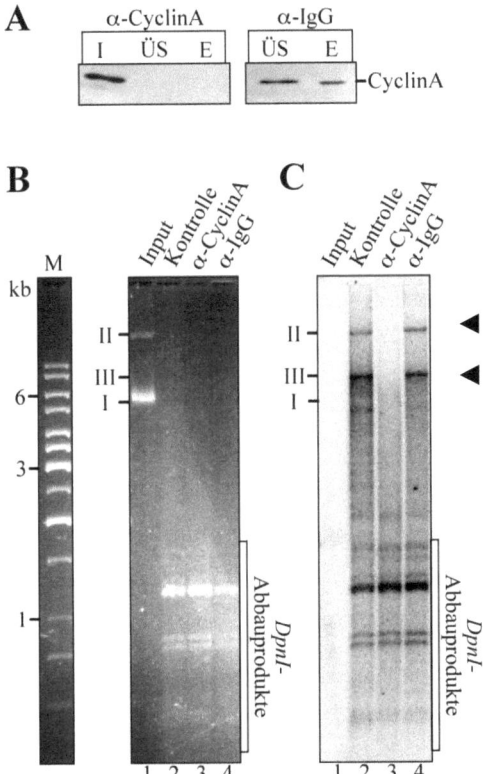

Abb. 11 CyclinA ist essentiell für die *in vitro* Replikation in Extrakten aus G1/S-Phase synchronisierten HeLa-Zellen

Nach Depletion von CyclinA aus Chromatin-gebundenen Proteinextrakten aus in der G1/S-Phase synchronisierten HeLa-Zellen, wurden diese für die *in vitro* Replikation des pEPI-UPR Plasmids eingesetzt. **(A)** Western Blot-Analyse der CyclinA Depletion. Im Input (I) ist das im Extrakt enthaltene CyclinA zu erkennen, das nach der Bindung an den Antikörper und dessen Kopplung an Protein-A Sepharose-Beads im Überstand (ÜS) fehlte. Beim Einsatz des IgG-Kontrollantikörpers befand sich der größte Teil des CyclinA im Überstand (ÜS). **(B)** EtBr-gefärbtes Agarosegel der *in vitro* Replikationsansätze. Je gleiche Mengen ungeschnittene Form I und II DNA (Spur 1) und deproteinisierte, *DpnI*-verdaute DNA aus den Replikationsansätzen wurden über neutrale Gelelektrophorese in einem 0,8%igen Agarosegel aufgetrennt. Es wurde je ein Ansatz mit undbehandelten (Spur 2), CyclinA depletierten (Spur 3) und IgG-Kontrollantikörper behandelten (Spur 4) Extrakten durchgeführt. Spur M zeigt den DNA Längenmarker (1kb-Leiter). **(C)** Autoradiographie des getrockneten Agarosegels. Der Bereich der erwarteten *DpnI*-Abbauprodukte ist markiert. Pfeile markieren die Replikationsprodukte der Form II und III DNA.

Durch Depletion eines für die Initiation der DNA-Replikation wichtigen Proteins mit Hilfe von spezifischen Antikörpern konnte gezeigt werden, dass CyclinA eine essentielle Funktion für die *in vitro* DNA-Replikation mit Extrakten aus G1/S-Phase synchronisierten HeLa-Zellen besitzt. Dieses Ergebnis verdeutlicht, dass für die Initiation der DNA-Replikation *in vitro* Cyclinaktivität, insbesondere CyclinA-Aktivität, notwendig ist. Da auch für die zelluläre Initiation der DNA-Replikation Cyclinaktivität benötigt wird (Kelly und Brown, 2000), eignet sich das in dieser Arbeit entwickelte *in vitro* System zur Analyse der regulatorischen Mechanismen bei der DNA-Replikation.

4.3 DNA-Bindungsstudien zur Charakterisierung des prä-Replikationskomplexes

Im dritten Teil dieser Arbeit wurde mit Hilfe von DNA-Bindungsstudien die Ausbildung des pre-RCs an immobilisierte DNA untersucht. Die Komplexität und geringe Effizienz des in den ersten beiden Kapiteln beschriebenen *in vitro* Systems führte zu der Entscheidung, den limitierenden Schritt bzw. die Ursache der geringen Effizienz der *in vitro* DNA-Replikation zu untersuchen. Die geringe Effektivität der Replikation in dem beschriebenen System kann mehrere Gründe haben. Eine mögliche Erklärung könnte eine ineffiziente Ausbildung des pre-RCs sein. Des Weiteren könnte eine ineffiziente Initiation der DNA-Replikation oder eine ineffiezente Elongation für die geringe Replikationsrate verantwortlich sein. Durch DNA-Bindungsstudien sollte zunächst untersucht werden, wie effizient die ORC-Bindung und die pre-RC Ausbildung ist. Mit Hilfe dieses Systems lässt sich die sequentielle Abfolge von Schritten während der Ausbildung des pre-RCs an immobilisierte Plasmid-DNA untersuchen. Die Bindung der ORC-Proteine, des Cdc6- und Cdt1-Proteins und der MCM2-7-Proteine wird im folgenden Kapitel mittels biochemischer Methoden charakterisiert, wobei Prozesse wie Initiation, Elongation und Termination der DNA-Replikation nicht berücksichtigt werden. Das Prinzip der hier vorgestellten Versuche basiert auf Experimenten mit Extrakten aus *S. cerevisiae* (Seki und Diffley, 2000) und embryonalen *Xenopus laevis* Eiextrakten (Waga und Zembutsu, 2006). Die Entwicklung und Etablierung des Systems mit Extrakten aus HeLa-Zellen bildete den ersten Schwerpunkt der hier vorgestellten Versuche. Nach der Anpassung der DNA-Bindungsstudien an ein humanes System wurden vor allem die pre-RC-Komponenten Cdc6 und Orc6 in ihrem Bindungsverhalten näher untersucht. Die Herstellung rekombinanter Proteine ermöglicht posttranslationale Modifikationen zu charakterisieren, die Auswirkungen auf das DNA-Bindungsverhalten von bestimmten pre-RC-Komponenten haben könnten.

4.3.1 Bindung von Proteinen des prä-Replikationskomplexes an immobilisierte Plasmide

Zur Untersuchung des Bindeverhaltens der pre-RC-Komponenten an Plasmid-DNA wurde zunächst pEPI-UPR DNA durch eine UV-Reaktion biotinyliert (3.3.9). Um die Anzahl der biotinylierten Plasmide zu maximieren, die Anzahl der Biotin-Gruppen pro Plasmid jedoch zu minimieren wurde ein Plasmid:Biotin-Massenverhältnis von 1:18 gewählt (J.F. Diffley, persönliche Mitteilung). Die biotinylierte, ringförmige DNA wurde dann an Streptavidin-paramagnetische Beads (Dynabeads M-280 Streptavidin) gekoppelt (3.6.1). Zur Kontrolle der Kopplungseffizienz wurden 40µg Beads in 0,1% SDS aufgenommen und für 2min bei 95°C inkubiert. Die so von den Beads eluierte DNA wurde zusammen mit einer DNA-Verdünnungsreihe auf ein Agarosegel aufgetragen und die Konzentration der an die Beads gekoppelten DNA aus dem EtBr-gefärbten Gel bestimmt (Abb. 12A). Für jede Kopplungsreaktion wurde diese Kontrolle durchgeführt. Die Kopplungseffizienz lag immer zwischen 20 - 25ng DNA/10µg Beads. Des Weiteren ist in Abbildung 12A zu erkennen, dass die gekoppelte pEPI-UPR DNA zum größten Teil in der superhelikalen Form I DNA und nur ein kleiner Anteil als genickte Form II DNA vorlag.

Für die Etablierung dieser Methode wurden 80µg pEPI-UPR-Beads (=180ng DNA) mit 32µg Extrakt der Chromatin-gebundenen Proteine aus asynchron wachsenden HeLa-Zellen inkubiert (3.6.2). Aus den Arbeiten mit *X. laevis* und *S. cerevisiae* geht hervor, dass bei einer Temperatur von 23°C die MCM-Ladung am effektivsten ist (Seki und Diffley, 2000; Waga und Zembutsu, 2006). Aus diesem Grund wurde in den hier gezeigten Experimenten eine Inkubation bei 23°C durchgeführt. Es wurden parallele Ansätze mit DNA-gekoppelten und, als Kontrolle, DNA-freien Beads (Abb. 12B Spuren 2 und 3) durchgeführt. Nach einer 30min Inkubation bei 23°C wurden die Eluate der gewaschenen Beads durch SDS-PAGE aufgetrennt und die Proteine des pre-RCs in Western Blots mit spezifischen Antikörpern analysiert. Da immer mehrere Proteine pro Experiment untersucht wurden, mussten zwei Gele parallel beladen werden (10% und 12,5% PAA Gele). Aus diesem Grund wurden die Reaktionsvolumina, und somit auch die Menge an eingesetzten Beads und Extrakten, verdoppelt. Zum Vergleich der Menge an detektierbaren Proteinen in den Eluaten wurde ein Viertel der eingesetzten Chromatin-gebundenen Proteinextrakte (=8µg) aufgetragen (Spur 1). Die Western Blots in Abbildung 12B zeigen eine Bindung von allen untersuchten pre-RC-Komponenten an DNA-gekoppelte Beads (Spur 3), wobei die unspezifische Bindung an DNA-freie Beads (Spur 2) gering ist. Eine Ausnahme ist Orc6, das in dem hier vorgestellten System eine starke, unspezifische Bindung an DNA-freie Beads zeigt. Beim Vergleich der jeweiligen Proteinmenge im Input mit der Menge der spezifisch an DNA gebundenen Proteine fällt auf, dass prozentual mehr Orc1 und Cdc6 an DNA gebunden ist, als dies bei den anderen untersuchten Proteinen der Fall ist. Des Weiteren lässt eine genauere Betrachtung des Cdc6-Blots darauf schließen, dass im Fall der DNA-Bindung Cdc6 eine geringere Mobilität hat als das Protein in der Input Spur (siehe 4.3.3). Neben der spezifischen Bindung der ORC-Proteine und Cdc6 an DNA konnte in diesem System auch eine schwache Mcm7-Bindung nachgewiesen werden (siehe 4.3.2).

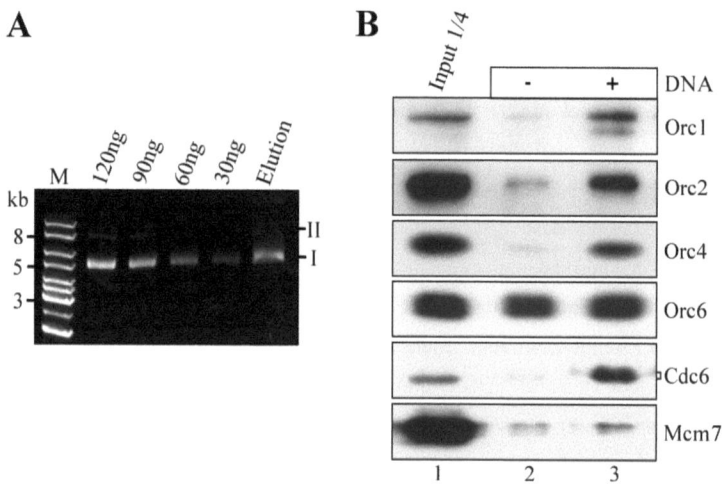

Abb. 12 Proteine des pre-RCs binden an immobilisierte Plasmide
Biotinylierte pEPI-UPR DNA wurde an paramagnetische Streptavidin-Beads gekoppelt und die Bindung von Chromatin-gebundenen Proteinen aus HeLa-Zellen mittels Western Blot mit spezifischen Antikörpern analysiert. **(A)** Kontrolle der Kopplungseffizienz. 40µg gekoppelte Dynabeads wurden mit 0,1% SDS aufgekocht und die so von den Beads eluierte DNA (Elution) zusammen mit einer DNA-Verdünnungsreihe (30ng - 120ng pEPI-UPR) in einem 0,8%igem Agarosegel aufgetrennt. Gezeigt ist das Ethidiumbromid gefärbte Gel, in dem die Form I und II DNA zu erkennen ist. Spur M zeigt den DNA Längenmarker (1kb-Leiter). **(B)** DNA-Bindungsstudie. Eluate von Ansätzen mit ungekoppelten (Spur 2) und gekoppelten (Spur 3) Beads wurden über SDS-PAGE (10% und 12,5% PAA Gel) aufgetrennt und die Proteine Orc1, Orc2, Orc4, Orc6, Cdc6 und Mcm3 im Western Blot mit spezifischen Antikörpern nachgewiesen. Zum Vergleich wurde 1/4 der eingesetzten Chromatin-gebundenen Proteine aufgetragen (Spur 1).

Zusammenfassend ist festzuhalten, dass die Bindung einzelner Proteine des pre-RCs an immobilisierte, superhelikale Plasmid-DNA in diesem neu etablierten System, dass auf Kernextrakten aus HeLa-Zellen basiert, nachgewiesen werden konnte. Die Assoziation von ORC-Proteinen und Cdc6 scheint relativ effizient zu sein, während nur geringe Mengen an MCM-Proteinen gebunden werden. In den folgenden Kapiteln werden nun weitere DNA-Bindungsstudien gezeigt, die das Bindeverhalten einzelner pre-RC-Komponenten näher untersuchen.

4.3.2 ATP stimuliert die Bindung der MCM-Proteine an immobilisierte Plasmide

Der Aufbau des pre-RCs aus mehreren ATP-bindenden Proteinen legt nahe, dass ATP bei der Ausbildung des pre-RCs eine entscheidende Rolle spielt. Frühere Studien von ORC und Cdc6 zeigten, dass die ATP-Bindung und die ATP-Hydrolyse unterschiedliche Aufgaben während der pre-RC Ausbildung haben. So hat ORC als Komplex ATP gebunden, wodurch die Integrität des Komplexes gewährleistet wird (Ranjan und Gossen, 2006). Des Weiteren stimuliert die ATP-Bindung die ORC-DNA-Interaktion und stabilisiert diese (Gillespie et al., 2001; Harvey und Newport, 2003b; Randell et al., 2006). Die ATP-Hydrolyse durch Cdc6 und ORC ist für das Laden des Mcm2-7-Komplexes notwendig (Bowers et al., 2004; Giordano-Coltart et al., 2005; Randell et al., 2006). Ausgehend von diesen Beobachtungen wird im folgenden Abschnitt der Einfluss von ATP auf die Bindung der Proteine des pre-RCs an immobilisierte Plasmide untersucht.

In drei parallelen Ansätzen wurden DNA-gekoppelte bzw. DNA-freie Beads mit Kernextrakten aus asynchron wachsenden HeLa-Zellen, welche Chromatin-gebundene Proteine enthalten, inkubiert (3.6.2). Zwei Kontroll-Ansätze mit ungekoppelten und pEPI-UPR-gekoppelten Beads enthalten kein ATP. Ein Ansatz mit Plasmid-gekoppelten Beads enthielt ATP. Alle drei Ansätze wurden gleichermaßen mit Kernextrakten inkubiert, die entsprechenden Eluate über SDS-PAGE aufgetrennt und die Proteine des pre-RCs im Western Blot mit spezifischen Antikörpern nachgewiesen. Das Ergebnis dieses Versuchs ist in Abbildung 13 dargestellt.

Die Western Blot-Analyse der ORC-Proteine Orc1, Orc2, Orc4 und Orc6 zeigen, dass diese Proteine auch ohne weitere ATP-Zugabe an DNA binden. Der Ansatz mit gekoppelten Beads (Spuren 2 und 3) zeigt im Western Blot ein deutlich stärkeres Signal als der mit DNA-freien Beads (Spur 1). Der Ansatz mit ATP weist bei den ORC-Proteinen keinen Anstieg der Bindung auf, wobei Orc1 ein leicht schwächeres Signal zeigt (Spuren 2 und 3). Ein anderes Bild ergibt sich bei der Betrachtung der Proteine Cdc6, Cdt1, Mcm3 und Mcm7. Bei diesen Proteinen ist die Signalstärke der DNA-gekoppelten Beads ohne ATP-Zugabe im Western Blot vergleichbar mit dem Hintergrundsignal der DNA-freien Beads (Spuren 1 und 2). Erst die Zugabe von ATP führte bei diesen Proteinen zu einem Anstieg in der Signalintensität, also zu einer DNA-Bindung (Spuren 2 und 3). Auch in diesem Experiment fällt wie in 4.3.1 im Cdc6-Western Blot auf, dass es zwei Cdc6 Populationen mit unterschiedlicher Mobilität gibt (siehe 4.3.3).

Die in diesem Abschnitt vorgestellten Ergebnisse zeigen zum Einen, dass die untersuchten ORC-Proteine für die Bindung an immobilisierte Plasmide kein zusätzliches ATP benötigten und zum Anderen, dass durch Zugabe von ATP die Bindung von Cdc6, Cdt1 und den MCM-Proteinen an DNA stimuliert wird.

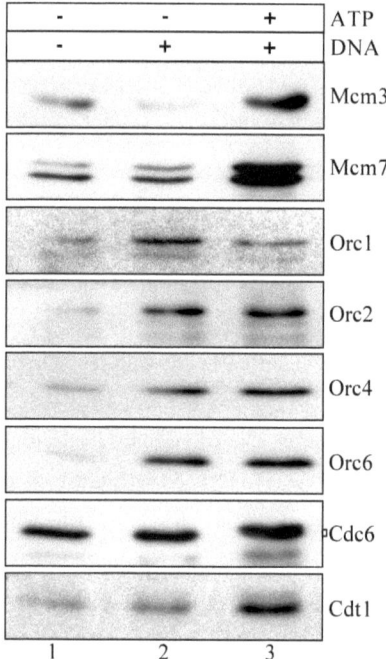

Abb. 13 ATP stimuliert die Bindung von Mcm3 und Mcm7 an immobilisierte Plasmide

DNA-Bindungsstudien mit pEPI-UPR-gekoppelten, paramagnetischen Beads und Chromatin-gebundenen Proteinextrakten aus asynchron wachsenden HeLa-Zellen wurden in drei parallel behandelten Ansätzen durchgeführt. Die Eluate der Ansätze mit ungekoppelten Beads ohne ATP (Spur 1), gekoppelten Beads ohne ATP (Spur 2) und gekoppelten Beads mit ATP (Spur 3) wurden über SDS-PAGE in einem 10% und 12,5%igen Gel aufgetrennt und die Proteine Orc1, Orc2, Orc4, Orc6, Cdc6, Cdt1, Mcm3 und Mcm7 im Western Blot mit spezifischen Antikörpern nachgewiesen.

4.3.3 DNA-gebundenes HsCdc6 wird ATP abhängig phosphoryliert

Die DNA-Bindungsstudien in 4.3.1 und 4.3.2 zeigen, dass es zwei Cdc6-Populationen mit unterschiedlichem Laufverhalten im PAA-Gel gibt. Eine mögliche Erklärung hierfür könnten posttranslationale Modifikationen sein, wie zum Beispiel eine Phosphorylierung des Cdc6-Proteins. In diesem Kapitel sollten diese Eigenschaften von Cdc6 näher charakterisiert werden. Dazu wurde zunächst das Experiment aus 4.3.2 wiederholt, wobei dieses Mal neben den Eluaten auch die Überstände der drei parallel durchgeführten Ansätze auf die PAA-Gele aufgetragen wurde. Dieses, in Abbildung 14A dargestellte Experiment bestätigt, wie das Ergebnis in Abbildung 13, eine von der ATP-Zugabe unabhängige ORC-Bindung (Abb 14A, Spuren 5 und 6). Betrachtet man den Cdc6-Western Blot erkennt man, dass Cdc6 im Ansatz mit ATP eine geringere Mobilität im Gel besitzt als in den Ansätzen ohne ATP (Abb 14A, Spuren 5 und 6). Diese Änderung im Laufverhalten ist in den Überständen, auch in dem Ansatz mit ATP, nicht zu erkennen (Abb 14A, Spuren 1-3).

Im folgenden Experiment (Abb. 14B) wurde untersucht, ob DNA-gebundenes Cdc6 ATP-abhängig phosphoryliert wird. Dazu wurden drei parallele Ansätze wie unter 3.6.2 beschrieben durchgeführt. Alle Ansätze enthielten ATP und zur Bestimmung der unspezifischen Proteinbindung an die Beads enthielt ein Ansatz DNA-freie Beads (Spur 7). Die anderen beiden Ansätze wurden mit pEPI-UPR-gekoppelten Beads durchgeführt (Spuren 8 und 9). Der Ansatz in Spur 9 wurde nach der Bindungsreaktion mit der Phosphatase aus dem Bakteriophagen λ (λ-PPase) (NEB) behandelt (3.6.3). Ohne weiteren Waschschritt wurden die Proben in Lämmlipuffer aufgenommen und über SDS-PAGE aufgetrennt. Die beiden anderen Ansätze wurden genau gleich behandelt jedoch ohne die Zugabe von λ-PPase. Das Ergebnis dieses Experiments ist in Abbildung 14B dargestellt. Aus den Western Blots der ORC-Proteine geht wie bereits in Abbildung 14A beschrieben hervor, dass Orc1, Orc2 und Orc4 bevorzugt an DNA-gekoppelte Beads binden. Hier liegt das spezifische Signal (Spur 8) über dem Hintergrundsignal des Ansatzes mit DNA-freien Beads (Spur 7). Der Orc6-Western Blot zeigt in Spur 7 ein hohes Hintergrundsignal. Bei allen untersuchten ORC-Proteinen lassen sich jedoch keine Unterschiede zwischen den unbehandelten und λ-PPase behandelten Ansätzen erkennen (vergleiche Spuren 8 und 9). Ein anderes Bild zeigt der Cdc6-Western Blot. Die DNA-Bindung von Cdc6 ist in den ersten beiden Spuren ohne und mit DNA zu erkennen. Wieder besitzt das unspezifisch gebundene Cdc6 im Gel eine höhere Mobilität als das spezifisch an DNA-gebundene Protein (vergleiche Spuren 7 und 8). Wurden nun die gewaschenen Beads mit λ-PPase behandelt, migrierte das an DNA-gebundene Cdc6 wieder mit einer höheren Mobilität im Gel (Spur 9).

Zusammenfassend wird aus diesen beiden Experiment deutlich, dass Cdc6 nach der Bindung an DNA ATP-abhängig phosphoryliert wird. Das im Überstand befindliche freie sowie unspezifisch gebundenes Cdc6 unterliegt hingegen nicht dieser Modifikation.

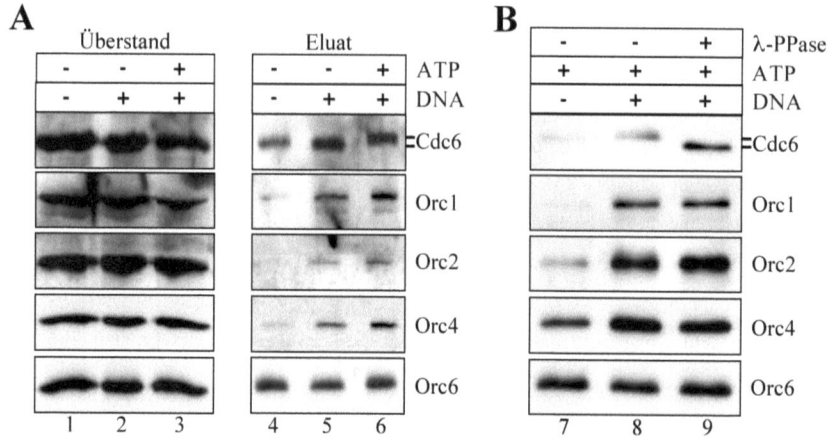

Abb. 14 DNA-gebundenes Cdc6 wird ATP-abhängig phosphoryliert

DNA-Bindungsstudien mit pEPI-UPR-gekoppelten, paramagnetischen Beads und Chromatin-gebundenen Proteinextrakten aus asynchron wachsenden HeLa-Zellen. Die Proteine Orc1, Orc2, Orc4, Orc6 und Cdc6 wurden im Western Blot mit spezifischen Antikörpern nachgewiesen. **(A)** Drei parallel behandelte Ansätze wurden durchgeführt. Die Überstände und Eluate der Ansätze mit ungekoppelten Beads ohne ATP (Suren 1 und 4), DNA-gekoppelten Beads ohne ATP (Spuren 2 und 5) und DNA-gekoppelten Beads mit ATP (Spuren 3 und 6) wurden über SDS-PAGE in einem 10% und 12,5%igen Gel aufgetrennt. **(B)** Die Eluate von drei parallel behandelten Ansätzen wurden über SDS-PAGE in einem 10% und 12,5%igen Gel aufgetrennt. Alle Ansätze enhielten ATP, wobei nur der Ansatz in Spur 9 nach dem finalen Waschschritte mit λ-PPase behandelt wurde. Gezeigt sind die Ansätze mit ungekoppelten Beads ohne λ-PPase Behandlung (Spur 7), DNA-gekoppelten Beads ohne --PPase-Behandlung (Spur 8) und DNA-gekoppelte Beads mit --PPase-Behandlung (Spur 9).

4.3.4 Die Phosphorylierung des DNA-gebundenen Cdc6-Proteins erfolgt an den fünf N-terminalen Phosphorylierungsstellen

Studien über die Lokalisation von humanen Cdc6 (HsCdc6) während des Zellzyklus zeigten, dass Cdc6 in der G1-Phase ausschließlich im Nukleus vorliegt und nach der Initiation der DNA-Replikation am G1/S-Phase-Übergang im Cytoplasma lokalisiert ist. Diese Lokalisation wird durch die Phosphorylierung von HsCdc6 an den aminoterminalen Cdk-Phosphorylierungsstellen durch CyclinA/Cdk2 reguliert (Herbig et al., 2000; Petersen et al., 1999). Weitere Studien zeigten andererseits, dass ein Teil der Cdc6-Proteine auch in der S- und G2-Phase im Zellkern Chromatin-gebunden vorliegen, während lösliches Cdc6 in einem CyclinA/Cdk2-abhängigen Prozess zerstört wird (Coverley et al., 2000; Fujita, 1999). Wie in der Einleitung beschrieben besitzt HsCdc6 im N-

Terminus fünf potentielle Cdk-Konsensusmotive (Abb2). Um zu analysieren, ob diese Motive *in vitro* phosphoryliert werden, wurde Cdc6-Wildtyp (Cdc6-wt) und eine nicht phosphorylierbare Cdc6-Mutante (Cdc6-5xMut) mit Hilfe des eukaryotischen Baculovirus-Expressionssystem hergestellt. Die entsprechenden cDNAs wurden von der Arbeitsgruppe von Dr. E. Fanning (Vanderbilt University, Nashville, TN) zur Verfügung gestellt. Bei der Mutante wurden die fünf aminoterminalen Cdk-Phosphorylierungsstellen (4xSerin und 1xThreonin) durch Alanine ersetzt (Herbig et al., 2000). Nach der Umklonierung der cDNAs in einen pFastBac-Vektor und der Herstellung rekombinanter Baculoviren (3.4) wurden die Proteine in Insektenzellen exprimiert und über eine GST-Fusion aufgereinigt (3.5.2). (siehe Anhang 10.1)

Die so erhaltenen rekombinanten Proteine wurden anschließend in DNA-Bindungsstudien getestet. Die Ergebnisse dieses Versuchs sind in Abbildung 15 dargestellt. Sechs parallele Ansätze wurden durchgeführt, wobei pEPI-UPR DNA-gekoppelte Beads mit Chromatin-gebundenen Proteinextrakten aus asynchron wachsenden HeLa-Zellen inkubiert wurden (3.6.2). Ein Ansatz enthielt zur Kontrolle kein rekombinantes Cdc6 (Spur 1). Zu zwei der Ansätze wurden 100ng rekombinantes Cdc6-wt gegeben (Spuren 2 und 3), wobei einer der beiden Ansätze nach dem finalen Waschschritt mit λ-PPase behandelt wurde (Spur 2). Ein weiterer Ansatz einhielt 500ng Cdc6-wt, wurde aber nicht mit λ-PPase behandelt (Spur 4). Die zwei letzten Bindungsreaktionen enthielten 100ng Cdc6-5xMut (Spuren 5 und 6), wobei einer der beiden Ansätze vor der Elektrophorese zusätzlich mit λ-PPase behandelt wurde (Spur 5). Die Eluate aus allen sechs Reaktionen wurden mittels SDS-PAGE in einem 10 bzw. 12%igen PAA-Gel aufgetrennt und im Western Blot mit spezifischen Antikörpern analysiert.

Die Ergebnisse der Western Blots (Abb. 15) zeigen, dass im Kontrollansatz ohne rekombinantes Cdc6 (Spur 1) die untersuchten zellulären Proteine Orc1, Orc2, Orc4 und Cdc6 an die DNA-Beads binden. Die Zugabe von rekombinantem Cdc6 (wt bzw. 5xMut) bewirkte im Vergleich zu dem Kontrollansatz in Spur 1 eine tendenzielle Zunahme der ORC-Bindung (vergleiche Spur 1 mit Spuren 2-6), wobei in der Menge an gebundenen ORC-Proteinen Cdc6-unabhängige Schwankungen festzustellen sind. Bei der Betrachtung des Cdc6-Western Blots erkennt man zunächst in allen sechs Spuren das DNA-gebundene, endogene Cdc6. Wieder ist in den mit λ-PPase behandelten Ansätzen die höhere Mobilität des dephosphorylierten Proteins zu erkennen (Spuren 2 und 5). Auch das zugegebene rekombinante Cdc6-wt Protein, das aufgrund der zur Aufreinigung benötigten GST-Fusion größer ist als das endogene Protein, bindet an die DNA-Beads. Der Vergleich der Spuren 2 und 3 zeigt, dass auch das rekombinante wt-Cdc6-Protein in einem phosphorylierten Zustand vorliegt, da die λ-PPase-Behandlung auch hier zu einer höheren Mobilität führt. Die nicht phosphorylierbare Cdc6-Mutante (Cdc6-5xMut) bindet ebenfalls an die DNA-

Beads. Im Gegensatz zu dem rekombinanten Cdc6-wt lässt sich bei der Mutante jedoch keine Änderung in der Mobilität nach der λ-PPase Behandlung feststellen (Spuren 5 und 6). Zudem zeigt der Cdc6-Western Blot, dass rekombinantes Cdc6 das Bindeverhalten vom endogenen Cdc6 nicht beeinflusst.

Der hier dargestellte Versuchsansatz zeigt, dass die Phosphorylierung des DNA-gebundenen Cdc6-Proteins zumindest teilweise an den fünf N-terminalen Phosphorylierungsstellen stattfindet, da das an diesen Stellen mutierte Protein nach -PPase-Behandlung keine Mobilitätsänderung im Gel zeigt.

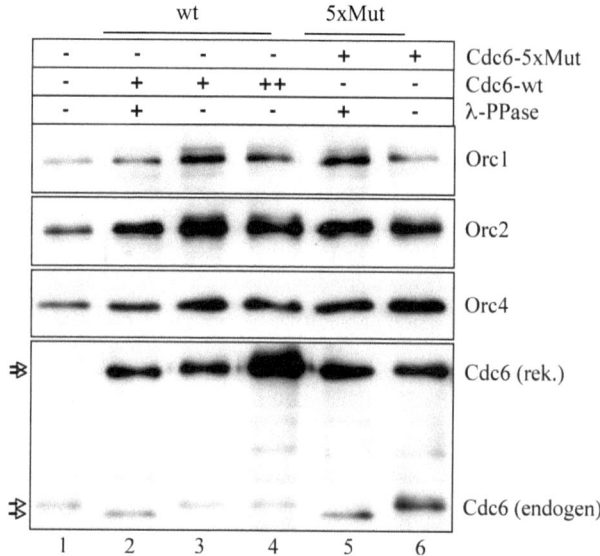

Abb. 15 Cdc6 wird an den fünf N-terminalen Phosphorylierungsstellen phosphoryliert

DNA-Bindungsstudien mit pEPI-UPR-gekoppelten paramagnetischen Beads und Chromatin-gebundenen Proteinextrakten aus asynchron wachsenden HeLa-Zellen wurden in sechs parallel behandelten Reaktionen durchgeführt und die Eluate über SDS-PAGE in 10 bzw. 12,5%igen PAA-Gelen aufgetrennt. Die gebundenen Proteine Orc1, Orc2, Orc4 und Cdc6 wurden mit spezifischen Antikörpern im Western Blot nachgewiesen. Spur 1: Kontrollansatz. Spur 2: Zugabe von 100ng rekombinantem Cdc6-wt und λ-PPase Behandlung. Spur 3: Ansatz wie in Spur 2, jedoch ohne λ-PPase Behandlung. Spur 4: Zugabe von 500ng rekombinantem Cdc6-wt. Spur 5: Zugabe von 100ng rekombinantem Cdc6-5xMut und λ-PPase Behandlung. Spur 6: Ansatz wie in Spur 5, jedoch ohne λ-PPase Behandlung. Pfeile markieren die phosphorylierte bzw. dephosphorylierte Form von Cdc6.

4.3.5 HsOrc6 stimuliert die Bindung von HsCdc6p an DNA

Zur weiteren biochemischen Analyse des humanen pre-RCs wird in diesem Kapitel die Rolle von Orc6, der kleinsten und am wenigsten konservierten Untereinheit des ORC untersucht. Im Gegensatz zur Hefe, wo Orc6 eine pre-RC stabilisierende Funktion besitzt und für die Assoziation der MCM-Proteine und die Initiation der DNA-Replikation essentiell ist (Semple et al., 2006), ist über die Funktion des humanen Orc6 bei der DNA-Replikation bis heute wenig bekannt. Studien mit *Orc6*-siRNA transfizierten HeLa-Zellen zeigten, dass HsOrc6 eine replikative Funktion besitzt und zusätzlich Funktionen bei der Chromosomensegregation und der Cytokinese hat (Prasanth et al., 2002). Der Aspekt, dass Orc6 Bestandteil des menschlichen ORC ist, blieb lange Zeit unklar. Erst jüngere Studien zeigten, dass Orc6 *in vitro* und *in vivo* mit anderen ORC-Proteinen interagiert (Siddiqui und Stillman, 2007; Thomae et al., 2008). Mit dem Ziel der biochemischen Charakterisierung von HsOrc6 werden in diesem Kapitel DNA-Bindungsstudien mit HsOrc6 depletierten Kernextrakten und rekombinantem HsOrc6 durchgeführt.

Dafür wurde zunächst Orc6 bakteriell exprimiert und über ein carboxyterminales His-Epitop aufgereinigt (3.5.1) (siehe Anhang 10.3). Das rekombinante Orc6-Protein wurde in DNA-Bindungsstudien mit Orc6-depletierten Chromatin-gebundenen Proteinextrakten eingesetzt. Die Depletion von Orc6 aus Kernextrakten, die aus asynchron wachsenden HeLa-Zellen präpariert wurden, erfolgte mit einem Orc6-spezifischen, monoklonalen Antikörper (3.5.5). Als Kontrollantikörper wurde ein α-EBNA1-Antikörper, der den gleichen Isotyp wie der α-Orc6-Antikörper besitzt, verwendet. Die Überstände sowie die Eluate aus den beiden Ansätzen wurden zur Kontrolle der Depletion über SDS-PAGE in einem PAA-Gel aufgetrennt und im Western Blot mit dem spezifischen Orc6-Antikörper analysiert (Abb. 16B). Man erkennt, dass Orc6 aus den Extrakten depletiert wurde (ÜS) und erst im Eluat der ProteinG-Sepharose-Beads wieder detektierbar war. Unter Verwendung des Kontroll-Antikörpers befand sich das gesamte Orc6 im Überstand.

Um die Auswirkungen der Orc6-Depletion auf das Bindeverhalten der anderen pre-RC Proteine zu untersuchen wurden die depletierten Überstände in DNA-Bindungsreaktionen eingesetzt (3.6.2). Zwei Ansätze wurden mit den Orc6 immundepletierten Überständen durchgeführt (Abb. 16A Spuren 5 und 6), wobei einem Ansatz 120ng rekombinantes Orc6 zugegeben wurde (Abb. 16A Spur 6). In einem Kontrollansatz (Spur 4) wurden die pEPI-UPR DNA-gekoppelten Beads mit dem Überstand aus der α-EBNA1-Kontroll-Immundepletion inkubiert. Die Eluate aus allen drei parallelen Reaktionen wurden mittels SDS-PAGE in einem 10 bzw. 12%igen PAA-Gel aufgetrennt und im Western Blot mit spezifischen Antikörpern analysiert. Die eingesetzten Proteinextrakte wurden in einer Verdünnungsreihe auf die Gele aufgetragen (Spuren 1-3).

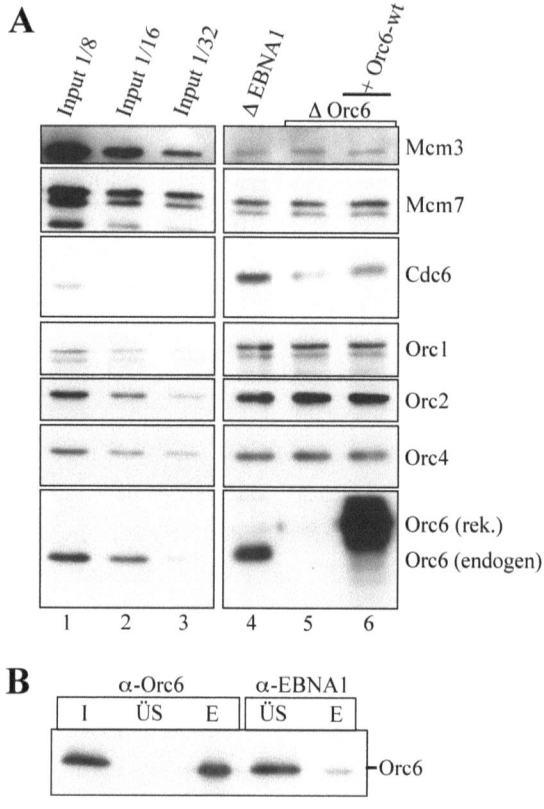

Abb. 16 HsOrc6 stimuliert die Bindung von HsCdc6 an DNA

(A) Orc6-depletierte und mit einem Kontrollantikörper (α-EBNA1) behandelte Extrakte, die die Chromatin-gebundenen Proteine aus HeLa-Zellen enthalten, wurden in DNA-Bindungsstudien mit pEPI-UPR DNA-gekoppelten, paramagnetischen Beads eingesetzt. Die Eluate der drei parallel behandelten Ansätze wurden über SDS-PAGE in 10 bzw. 12,5%igen PAA-Gelen aufgetrennt und die Proteine Orc1, Orc2, Orc4, Orc6, Cdc6, Mcm3 und Mcm7 wurden im Western Blot mit spezifischen Antikörpern nachgewiesen. Spuren 1-3: Verdünnungsreihe der eingesetzten Extrakte. Spur 4: Reaktion mit α-EBNA1 behandelten Extrakten. Spur 5: Ansatz mit Orc6-depletierten Extrakten. Spur 6: Zu den Orc6-depletierten Extrakten wurden 120ng rekombinantes (rek.) Orc6 zugegeben. (B) Western Blot-Analyse der Orc6-Depletion. Im Input (I) ist das im Extrakt enthaltene Orc6 zu erkennen, das nach der Bindung an den Antikörper und dessen Kopplung an ProteinG-Sepharose-Beads im Überstand (ÜS) fehlt. Durch Elution wurden die Orc6-Proteine von der Sepharose abgelöst und sind im Eluat (E) detektierbar. Beim Einsatz des α-EBNA1-Kontroll-Antikörpers befindet sich der größte Teil des Orc6 im Überstand (ÜS).

Bei der Betrachtung der Kontrolle (Spur 4) erkennt man die spezifische Bindung der untersuchten Proteine an die DNA-gekoppelten Beads. Die Depletion von Orc6 aus dem eingesetzten Extrakt (Spur 5) führte zu keiner Veränderung im Bindeverhalten der anderen untersuchten ORC-Untereinheiten Orc1, Orc2 und Orc4. Der Cdc6-Western Blot zeigt jedoch eine deutliche Reduktion der gebundenen Cdc6-Menge. Nach der Zugabe von einem Überschuss an rekombinantem Orc6 (120ng) zu dem depletierten Extrakt erkennt man, dass die Bindung von Cdc6 teilweise wiederhergestellt werden konnte (Spur 6).

Zusammenfassend lässt sich sagen, dass die Depletion von Orc6 aus dem Extrakt zu einer Reduktion der Menge an DNA-gebundenen Cdc6 führt und, dass die Cdc6-DNA-Bindung durch die Zugabe von rekombinantem Orc6 teilweise wiederhergestellt werden kann. Somit scheint die kleinste ORC-Untereinheit einen Einfluss auf die Rekrutierung und/oder Stabilität von Cdc6 an DNA zu haben. Die hier gezeigten Ergebnisse verdeutlichen, dass zur pre-RC Ausbildung ein intakter, hexamerer ORC zur Assoziation von Cdc6 benötigt wird und bestätigen die sequentielle Bildung des pre-RCs.

4.4 Die DNA-Bindung von rekombinantem HsORC

Im letzten Teil dieser Arbeit wurde das Bindeverhalten von rekombinanten HsORC-Proteinen an Oligo-DNA mittels „Elektro Mobility Shift Assays" (EMSA) untersucht. Nach der Identifizierung des spezifisch an ARS1-DNA bindenden ORC in *S. cerevisiae* mittels DNase-Footprinting Experimenten (Bell und Stillman, 1992) führten *in vitro* DNA-Bindungsstudien mit, aus Extrakten gereinigten ORC-Proteinen und rekombinant hergestellten Proteinen zur Charakterisierung des sequenzspezifischen ScORC-Bindeverhaltens (Bolon und Bielinsky, 2006; Rao und Stillman, 1995). Mit Hilfe der EMSA-Methode wurde zudem gezeigt, dass ScOrc6 nicht für die Bindung von ScORC an DNA benötigt wird (Lee und Bell, 1997). In *D. melanogaster* ist hingegen die kleinste ORC-Untereinheit essentiell für die DNA-Bindung von DmORC (Balasov et al., 2007). Die ATP abhängige DmORC-DNA-Bindung findet dabei sequenzunabhängig statt (Remus et al., 2004). Eine ebenfalls von der Sequenz unabhängige DNA-Bindung zeigte der rekombinant hergestellte humane ORC in Nitrozellulose-Filter-Bindungs-Studien, wobei eine Präferenz für AT-reiche DNA festgestellt wurde (Baltin et al., 2006; Vashee et al., 2003). Welche HsORC-Untereinheiten für die DNA-Bindung essentiell sind ist jedoch bis heute unklar. In diesem Kapitel soll, aufgrund der großen Homologie zu *Drosophila* Orc6, die Rolle des HsOrc6-Proteins bei der ORC-DNA-Bindung untersucht werden. Die Etablierung des eukaryotischen Baculovirus-Expressionssystems zur Aufreinigung eines humanen Orc1-5-Komplexes war wesentlicher Bestandteil dieser Arbeit. Zudem wurde bakteriell exprimiertes Orc6 in den hier vorgestellten EMSA-Untersuchungen eingesetzt.

4.4.1 Die kleinste ORC-Untereinheit HsOrc6p bindet DNA

Die Beobachtung, dass der amino-terminale Bereich von *Drosophila* und humanen Orc6 ähnlich gefaltet sein könnte, wie der humane Transkriptionsfaktor TFIIB (Chesnokov et al., 2003), führte in einer nachfolgenden Arbeit über DmORC zur Identifizierung zweier Aminosäuren (S72 und K76) in einem Helix-Turn-Helix Motiv des aminoterminalen Bereichs von DmOrc6, die für die DNA-Bindung essentiell sind (Balasov et al., 2007). Aufgrund der hohen Homologie von *Drosophila* und humanen Orc6 in diesem Bereich wurde die Hypothese überprüft, ob nach der Mutation dieser beiden Aminosäuren auch das humane Orc6 seine Fähigkeit verliert, DNA zu binden.

Der Abgleich der Orc6-Aminosäuresequenzen in der von Balasov et al. 2007 beschriebenen und für die DNA-Bindung bei Drosophila essentiellen Region (AA 71-76) von Mensch, Maus, Frosch und *Drosophila* zeigt, dass die Proteine hoch-konserviert sind (Abb. 17A oben). Der Sequenzabgleich wurde mit dem „ClustalW"-Programm angefertigt (http://www.ebi.ac.uk/Tools/clustalw2/index.html) und graphisch mit dem Programm „Boxshade" (http://www.ch.embnet.org/software/BOX_form.html) bearbeitet (vollständige Sequenzen im Anhang 10.2). In der vorhergesagten HsOrc6-Sekundärstruktur (PSIPRED Protein Structure Prediction Server; http://bioinf.cs.ucl.ac.uk/psipred/psiform.html) ist ersichtlich, dass in dieser Region ein Helix-Turn-Helix-Motiv zu finden ist, wobei die Aminosäuren Serin72 und Lysin76 am Rand der Helices in einem Loop liegen (Abb. 17A unten). Auch im humanen Orc6 könnte also dieses Motiv Einfluss auf die DNA-Bindung haben. Um diese Theorie zu überprüfen wurden die Aminosäuren S72 und K76 mittels PCR-Mutagenese zu Alaninen mutiert (3.3.8). Die so erhaltene Orc6 Mutante (Orc6-S72A-K76A) wurde, wie das Wildtyp-Protein als 6xHis-Fusionsprotein bakteriell exprimiert und aufgereinigt (3.5.1). Die Proteinkonzentrationen der beiden Orc6-Aufreinigungen wurden mittels Bradford-Assay bestimmt und zur Kontrolle der Aufreinigungen wurden Verdünnungsreihen der beiden gereinigten Proteine mit einer BSA-Standardreihe über SDS-PAGE aufgetrennt und mit dem Farbstoff Coomassie Brilliant Blue gefärbt (siehe Anhang 10.3).

Die beiden bakteriell exprimierten HsOrc6-Proteine (wt und S72A-K76A) wurden in dem in Abbildung 17B gezeigten EMSA auf ihre Fähigkeit hin getestet, DNA zu binden. Als DNA-Fragment diente ein 72bp großes Oligonukleotid, dass am 5'-Enden mit dem Farbstoff Cy5 markiert ist. Unterschiedliche Proteinmengen (60ng, 90ng, 120ng (= 2; 3 bzw. 4pmol) an HsOrc6-wt und HsOrc6-S72A-K76A wurden zusammen mit 100fmol DNA in sechs parallel behandelten Ansätzen für 20min auf Eis inkubiert und anschließend in einem 8%igen nativen 0,25xTBE-Gel aufgetrennt (3.8). Das Gel wurde dann mit einem Phosphoimager (Fuji-Raytest) gescannt und so die Cy5 markierte DNA detektiert (Abb.17B). Zur Kontrolle des Laufverhaltens der Oligonukleotide enthielt ein Ansatz kein Protein (Spur 1). Die Zugabe von 60ng (2pmol) HsOrc6-wt führte zur Ausbildung von Protein-DNA-Komplexen und dadurch zu einer geringeren Mobilität von einem Teil der DNA (Spur 2). Nach der Zugabe von größeren Mengen HsOrc6-wt bildeten sich durch das Binden mehrerer Proteine an ein Oligonukleotid größere Komplexe aus, was im Gel durch das Auftauchen von Banden geringerer Mobilität zu erkennen ist (Spuren 3 und 4). Im Gegensatz zu dem Wildtyp-Protein führte die Zugabe der gleichen Proteinmengen an HsOrc6-S72A-K76A zu keiner erkennbaren Retardation (Spuren 5-7).

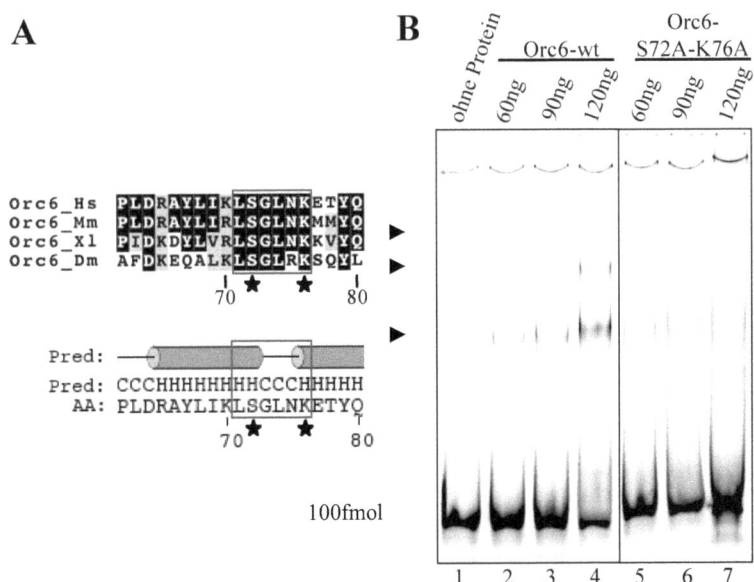

Abb. 17 Die Aminosäuren S72 und K76 vermitteln die DNA-Bindung bei HsOrc6

(A) oben: Der Vergleich der Orc6-Aminosäuresequenzen von Mensch, Maus, Frosch und *Drosophila* zeigt eine hoch-konservierte Sequenz zwischen Aminosäure 70 und 77 (Rechteck). unten: Vorhersage der Sekundärstruktur (aa 62-80) von HsOrc6 mit einem Helix-Turn-Helix-Motiv. Das Rechteck markiert die hoch konservierte Sequenz zischen den beiden Helices. Mit einem Stern sind die zu Alanin mutierten Aminosäuren S72 und K76 gekennzeichnet. (B) Die Bindung von humanem Orc6 an Cy5-markierte DNA wurde in EMSA-Studien untersucht. Je drei unterschiedliche Protein-konzentrationen (60ng, 90ng, 120ng) von HsOrc6-wt (Spuren 2-4) und HsOrc6-S72A-K76A (Spuren 5-7) wurden in parallel behandelten Ansätzen mit 100fmol Oligonukleotid inkubiert und auf ein 8%iges natives 0,25xTBE-Gel aufgetragen. Ein Ansatz wurde ohne die Zugabe von Protein durchgeführt (Spur 1). Pfeile markieren die retardierten Protein-DNA-Komplexe.

Die hier gezeigten EMSA-Studien zeigen, dass das humane Orc6-Protein ohne die Beteiligung weiterer Faktoren an DNA binden kann. Des Weiteren deuten diese Ergebnisse darauf hin, dass auch beim HsOrc6 die DNA-Bindung von den oben beschriebenen Aminosäuren S72 und K76 vermittelt wird.

4.4.2 Expression und Aufreinigung des humanen Orc1-5-Komplexes mit dem Baculovirus-Expressionssystem

Einer der wesentlichen Bestandteile dieser Arbeit war die Expression des humanen Orc1-5-Komplexes mit Hilfe des Baculovirus-Expressionssystems in Hi5-Insektenzellen, der anschließend auf seine Fähigkeit zur DNA-Bindung in EMSA-Studien getestet werden sollte. Der Vorteil eines solchen eukaryotischen Sytems besteht darin, dass die exprimierten Proteine posttranslationale Modifikationen tragen, die in Bakterien nicht angefügt werden. Die Virusüberstände wurden von der Arbeitsgruppe von Dr. M. Gossen (Max-Delbrück-Zentrum, Berlin) zur Verfügung gestellt und wurden in Sf9-Insektenzellen amplifiziert (3.4). Zur Affinitätsaufreinigung des HsOrc1-5-Komplexes wurde eine Epitop-Kassette, bestehend aus einem Polyhistidin Teil, einem dreifach Hämagglutinin Motiv und einer TEV Protease-Stelle, an das carboxy-terminale Ende von HsOrc1 fusioniert (Ranjan und Gossen, 2006). In dieser Arbeit erfolgte die Aufreinigung jedoch nur über den Polyhistidin Teil mittels Ni-NTA Agarose. Die Aufreinigung über die Orc1-Untereinheit ermöglicht die Herstellung eines stöchiometrischen Orc1-5-Komplexes. Frühere Arbeiten zeigten, dass Orc1 in einem substöchiometrischen Verhältnis in den rekombinanten ORC-Komplexen vertreten ist, wenn die Reinigung über andere ORC-Untereinheiten erfolgt (Vashee et al., 2003; Vashee et al., 2001). Die Expression wurde in Hi5-Insektenzellen durchgeführt. Dazu wurden die Insektenzellen gleichzeitig mit den fünf Virusüberständen (His-HsOrc1, HsOrc2, HsOrc3, HsOrc4 und HsOrc5) infiziert und nach 60 Stunden Kernextrakte präpariert. Diese Extrakte wurden anschließend mit Ni-NTA Agarose inkubiert und nach mehreren Waschschritten die, über His-HsOrc1 gebundenen Proteine von den Beads eluiert (3.5.3). Das Ergebnis einer exemplarischen Aufreinigung ist in Abbildung 18 gezeigt. Zur Kontrolle der Aufreinigung wurden der cytosolische Extrakt, der Kernextrakt, die ungebundenen Proteine aus den Ni-NTA Überständen sowie das Eluat der Beads über SDS-PAGE in einem 10%igen PAA-Gel aufgetrennt. Das Coomassie-gefärbte Gel (Abb. 18A) zeigt in den Kernextrakten die überexprimierten ORC-Proteine. Lediglich Orc3 ist hier nicht zu erkennen. In der nicht an die Beads gebundenen Fraktion ist zu erkennen, dass das komplette, im Kernextrakt enthaltene Orc1-Protein an die Beads gebunden hat und nicht mehr im Überstand detektierbar ist (vergleiche Spuren ungebunden mit Eluat). Orc2, 4 und 5 sind hingegen noch deutlich zu erkennen. Die Elution von den Ni-NTA Beads führt zu aufgereinigten Orc1-5-

Komplexen, wobei die Proteine in einem stöchiometrischen Verhältnis vorliegen. Zur Kontrolle der Elutionsbedingungen wurden die Ni-NTA Beads nach der eigentlichen Elution in Lämmlipuffer aufgenommen und die Überstände nach dem Aufkochen ebenfalls auf das Gel geladen. In dieser Spur waren keine Proteine detektierbar, was auf eine vollständige Elution des Orc1-5-Komplexes von den Beads schließen lässt.

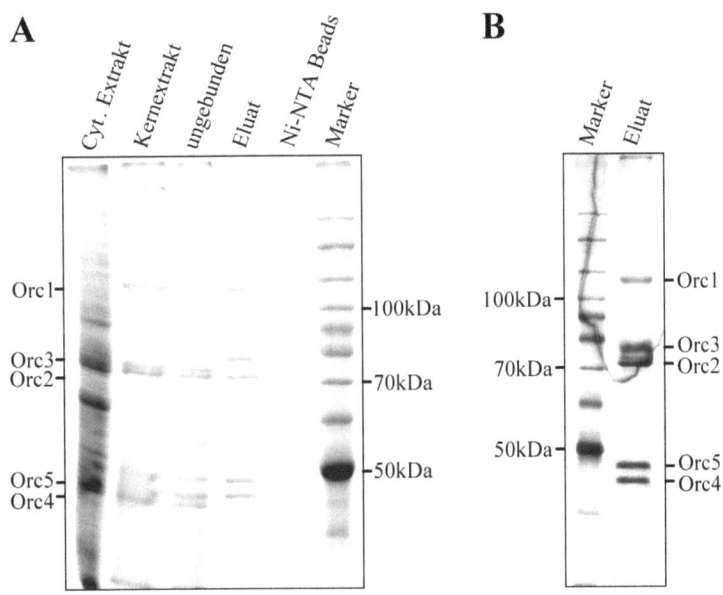

Abb. 18 Aufreinigung des HsOrc1-5-Komplexes aus Hi5-Insektenzellen
Die überexprimierten Proteine (His-HsOrc1, HsOrc2, HsOrc3, HsOrc4 und HsOrc5) wurden aus den Kernextrakten der mit Baculoviren infizierten Hi5-Zellen über Ni-NTA Agarosebeads aufgereinigt. **(A)** Coomassie-Gel zur Kontrolle der Aufreinigung. Cytosolischer Extrakt, Kernextrakt, ungebundenen Proteine aus den Ni-NTA Überständen, das Eluat der Beads und die final in Lämmlipuffer aufgekochten Bead-Übestände wurden über SDS-PAGE in einem 10%igen PAA-Gel aufgetrennt. **(B)** Silberfärbung des PAA-Gels zur Kontrolle der Reinheit des Komplexes. Der aufgereinigte HsOrc1-5-Komplex wurde über SDS-PAGE in einem 10%igen PAA-Gel aufgetrennt. Als Marker wurde die BenchMark™ Protein Leiter (Invitrogen) verwendet.

Ein zweites 10%iges PAA-Gel wurde zur Überprüfung der Reinheit des aufgereinigten HsOrc1-5-Komplexes angefertigt. Neben dem Marker wurde der von den Ni-NTA Beads eluierte Komplex aufgetragen und das Gel nach der Elektrophorese mit Silber gefärbt. Die Detektionsgrenze der Silberfärbung liegt um ein vielfaches unter der der Coomassiefärbung, sodass eventuelle

Verunreinigungen durch unspezifische, an die Beads gebundene Proteine sichtbar werden sollten. Die Silberfärbung in Abbildung 18B zeigt jedoch, dass der HsOrc1-5 Komplex sauber aufgereinigt werden konnte da kaum Hintergrundbanden auftauchen.
Zusammenfassend ist festzuhalten, dass die Expression und Aufreinigung eines stöchiometrischen HsOrc1-5-Komplexes über das Baculovirus-Expressionsystem in Insektenzellen gut etabliert wurde.

4.4.3 Die DNA-Bindung des humanen Orc1-5-Komplexes ist Orc6 unabhängig

Wie unter 4.4 beschrieben zeigten Studien mit rekombinanten ScORC, dass ScORC unabhängig von der ScOrc6-Untereinheit DNA bindet (Lee und Bell, 1997). Für die Bindung von DmORC an DNA ist die DmOrc6-Untereinheit jedoch essentiell und wird über die unter 4.4.1 beschriebenen Aminosäuren vermittelt (Balasov et al., 2007). Aufgrund dieser Beobachtungen wurde in diesem Kapitel der aufgereinigte HsOrc1-5-Komplex auf seine Fähigkeit getestet, DNA zu binden. Mittels EMSA wurde untersucht, ob für diese HsOrc1-5- DNA-Bindung HsOrc6 benötigt wird. Gleichzeitig wurde durch die Zugabe eines Kompetitors (poly dI-dC) untersucht, ob die beobachtete Retardation der Oligonukleotide im TBE-Gel durch eine spezifische DNA-Bindung der jeweiligen Proteine verursacht wird.

HsOrc6-wt alleine, HsOrc1-5-Komplex und HsOrc6-wt zusammen mit dem HsOrc1-5-Komplex wurden mit DNA in parallelen Ansätzen inkubiert (3.8). Dabei wurden 150ng HsOrc6-wt (=5pmol), 300ng HsOrc1-5 (= 1pmol) und 100fmol DNA eingesetzt. Alle Ansätze wurden dreifach angesetzt, wobei zu jeweils zwei Ansätzen poly dI-dC als Kompetitor zugegeben wurde (50ng und 250ng). Zusätzlich wurde in einem Ansatz DNA ohne Protein mitgeführt. Die Ansätze wurden in einem 5%igen TBE-Gel aufgetrennt und die markierte DNA im PhosphoImager detektiert (Abb. 19). Die Menge der eingesetzten DNA ist in Spur 1 zu erkennen. Nach Zugabe von Orc6-wt bilden sich Protein-DNA-Komplexe aus, die im Gel eine geringere Mobilität besitzen als die freie DNA (Spur 2; Vgl. mit Abb. 17). Das Auftauchen mehrere Banden lässt vermuten, dass mehrere Orc6-Moleküle an dasselbe Oligonukloetid binden. Durch die Zugabe von einem Überschuss an Kompetitor-DNA nimmt die Menge an DNA gebundenem Orc6 ab, was durch die Abnahme der retardierten Banden sowie der Zunahme an freier DNA zu erkennen ist (Spuren 3 und 4). Auch der Ansatz mit HsOrc1-5-Komplex zeigt eine Retardation der markierten DNA und lässt darauf schließen, das HsOrc1-5 ohne die Beteiligung weiterer Faktoren DNA binden kann (Spur 8). Durch die Zugabe von Kompetitor-DNA wird der Komplex von der markierten DNA abgelöst (Spur 9 und 10). Bei der Betrachtung der EMSA-Studien mit HsOrc1-5 + HsOrc6-wt fällt auf, dass die hier zu erkennende retardierte Bande des Protein-DNA-Komplexes etwas höher im Gel läuft als die in Spur 8 beobachtete (Spur 5). Dies lässt vermuten, dass Orc1-5 zusammen mit Orc6 an das gleiche DNA-Fragment gebunden haben. In diesem Experiment liegt Orc6 gegenüber Orc1-5 im Verhältnis von 5:1 vor. Durch die Zugabe des Kompetitors wird dieser Komplex von der markierten DNA abgelöst und es sind nur noch die Orc6-DNA-Komplexe im Gel zu erkennen (Spuren 6 und 7). Dies könnte zum Einen daran liegen, dass nur der Orc1-5-Komplex an die Kompetitor-DNA bindet und so Orc6-DNA-Komplexe zurückbleiben, zum Anderen könnte der gesamte Orc1-6-Komplex mit einer höheren Affinität an die Kompetitor-DNA binden und das im Überschuss zugegebene freie Orc6 an die markierte DNA binden.

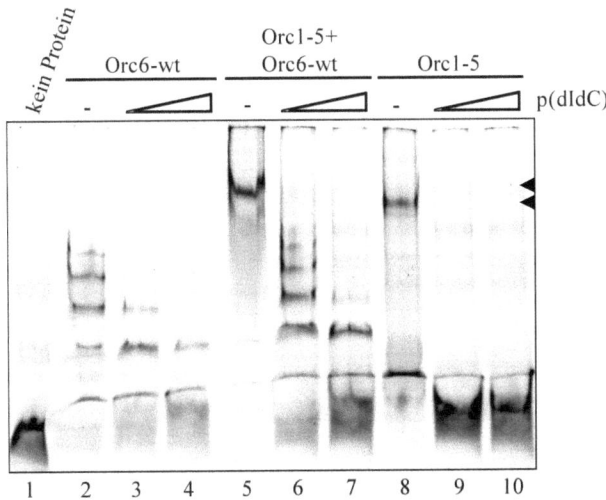

Abb. 19 DNA-Bindungseigenschaften von HsOrc1-5 und HsOrc6
Die Bindung von HsOrc6 und HsOrc1-5 an Cy5-markierte DNA wurde in EMSA-Studien untersucht. HsOrc6 und HsOrc1-5 können dabei unabhängig voneinander an markierte Oligonukleotide binden, wobei die Zugabe von 50ng bzw. 250ng poly-dI-dC als Kompetitor-DNA die gebildeten Protein / DNA Komplexe auflöst (Spuren 2-4 und 8-10). Beim Einsatz von HsOrc1-5 zusammen mit HsOrc6 in einem Reaktionsansatz binden die Orc1-Orc6 Proteine an dieselben Oligonukleotide, wobei auch diese Bindung durch Zugabe von Kompetitor-DNA aufgelöst wird und nur noch die Bindung von Orc6 Multimeren an die markierte DNA als retardierte Banden im Gel zu erkennen ist (Spuren 5-7). Spur 1 zeigt die freie Proben-DNA. Die Ansätze mit Protein enthielten 150ng (=5pmol) HsOrc6-wt bzw. 300ng (=1pmol) HsOrc1-5. Es wurden 100fmol markierte DNA eingesetzt. Die Ansätze wurden über ein 5%iges TBE-Gel aufgetrennt und die markierte DNA im PhophoImager detektiert. Pfeile markieren die Orc1-5 bzw. Orc1-5+Orc6 Protein-DNA-Komplexe.

Die in diesem Kapitel vorgestellten EMSA-Studien zeigen, dass HsOrc6 und auch der HsOrc1-5-Komplex unabhängig voneinander DNA binden können. Dabei zeigte der Einsatz von Kompetitor-DNA, dass es sich bei dieser Bindung um eine spezifische Bindung an DNA handelt. Durch den Einsatz aller sechs ORC-Proteine konnte des weiteren eine Bindung aller sechs ORC-Untereinheiten an dasselbe Oligonukleotid gezeigt werden.

5 Diskussion

Ziel der vorliegenden Arbeit ist es, die regulatorischen Mechanismen, die für die zellzyklusabhängige Initiation der DNA-Replikation essentiell sind, die einzelnen Schritte bei der sequentiellen Ausbildung des pre-RCs und die Rolle von HsOrc6 bei der Bindung des humanen „Origin recognition Complex" (ORC) an DNA und der pre-RC Ausbildung biochemisch zu charakterisieren. Die präsentierten Egebnisse erweitern das Verständnis der Ereignisse bei der sequentiellen Ausbildung des pre-RCs und der Initiation der DNA-Replikation. Im Laufe der Diskussion werden sie in Bezug auf das gängige Modell zur Initiation der DNA-Replikation diskutiert.

Die Bindung von ORC an DNA ist das initiale Ereignis bei der Ausbildung des pre-RCs. DNA-Bindungsstudien zeigen, dass HsOrc1-5 unabhängig von HsOrc6 an DNA bindet und somit die kleinste ORC-Untereinheit (HsOrc6) nicht für die Bindung von HsORC benötigt wird. HsOrc6 wiederum besitzt im N-terminalen Bereich eine DNA-Bindedomäne und kann selbstständig DNA binden. Eine mögliche Rolle von HsOrc6 bei der pre-RC Ausbildung scheint die Cdc6-Rekrutierung und/oder Erhaltung an DNA zu sein (Abb. 20 (A)). Abgeschlossen wird die pre-RC Ausbildung durch die Rekrutierung der MCM2-7-Proteine, die zusammen mit Cdc45 und GINS die potentielle replikative Helikase darstellt. Für die reiterative Ladung der MCM2-7-Proteine wird die Hydrolyse von ATP durch Cdc6 und ORC benötigt (Abb. 20 (B)). Nach der Bindung von HsCdc6 an DNA wird dieses an den N-terminalen CDK-Phosphorylierungsstellen phosphoryliert, nicht jedoch die ungebundenen HsCdc6-Proteine. Die Ergebnisse dieser Arbeit deuten darauf hin, dass für diese posttranslationalen Modifikationen (PTM) CyclinA-Cdk2 verantwortlich ist, welches in HeLa-Zellen chromatinassoziiert vorliegt und so einen möglichen Mechanismus der Origin-Selektion darstellt. Auf diese Weise wird eine lokale Regulation der DNA-Replikation erlaubt (Abb. 20 (C)). Die Ergebnisse der *in vitro* Replikationsversuche deuten auf eine esssentielle Funktion von CyclinA bei der Initiation der DNA-Replikation hin. Diese Cyclin-Aktivität könnte in der CyclinA-Cdk2 vermittelten Phosphorylierung der Sld2- und Sld3-Proteine liegen, die daraufhin mit Dpb11 interagieren und so die Rekrutierung von Cdc45 an den pre-RC vermitteln. Homologe zu diesen, in *S. cerevisiae* identifizierten Proteinen sind teilweise auch für den Menschen beschrieben, so dass diese stimulierende Phosphorylierung einen konservierten Schritt bei der Initiation der DNA-Replikation darstellen könnte (Abb. 20 (D)).

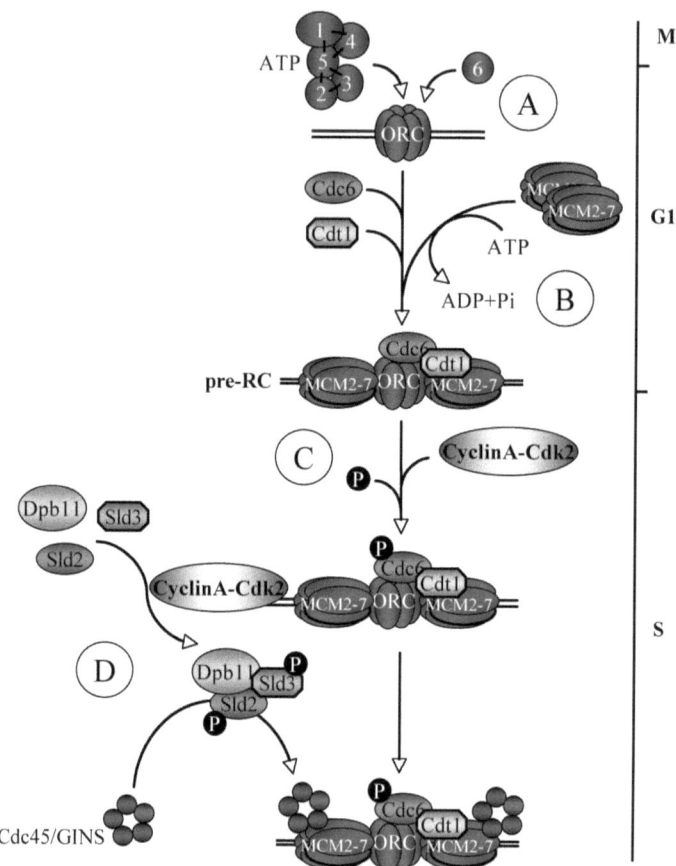

Abb. 20 Modell zur sequentiellen Ausbildung und Aktivierung des pre-RCs

(A) Der HsOrc1-5-Komplex bindet unabhängig von HsOrc6 in der M-/G1-Phase an Origins der DNA-Replikation. Die Integrität des Komplexes wird durch Nukleotid-Bindung gewährleistet. Die Interaktionen der HsORC-Untereinheiten sind durch Striche dargestellt. Die DNA-Bindung von HsOrc6 wird durch ein, in dieser Arbeit identifiziertes, N-terminales DNA-Bindemotiv vermittelt. HsOrc6 wird für die Rekrutierung und/oder Erhaltung von HsCdc6 an HsORC benötigt. (B) Nach der Rekrutierung von HsCdt1 wird, für die reiterative Ladung der MCM2-7-Proteine in der G1-Phase, ATP-Hydrolyse von Cdc6 / ORC benötigt. (C) HsCdc6 wird nach der DNA-Bindung im N-terminalen Bereich phosphoryliert. CyclinA liegt in HeLa-Zellen beim Übergang von der G1- zur S-Phase chromatinassoziiert vor und könnte diese PTM vermitteln. (D) Eine essentielle CyclinA Aktivität könnte die Phosphorylierung von Sld2 und Sld3 beim Übergang in die S-Phase sein. Dies führt zur Assoziation mit Dpb11 und zur Rekrutierung von Cdc45/GINS. MCM2-7/Cdc45/GINS bilden die putative replikative Helikase. Zur Aktivierung der Helikase-Aktivität wird eine weitere Kinase, der Dbf4/Cdc7-Komplex (DDK) benötigt (nicht dargestellt). Für weitere Details und Referenzen siehe Text.

5.1 Das zellfreie *in vitro* Replikationssystem

Um die molekularen Mechanismen der Initiation der DNA-Replikation im Detail studieren zu können, wird letztendlich ein *in vitro* System aus rekombinanten Proteinen benötigt. Ein erster Schritt dahin ist die Entwicklung eines löslichen *in vitro* Systems aus cytosolischen und Kernextrakten. Im ersten Teil der vorliegenden Arbeit wird daher ein vollständig lösliches *in vitro* Replikationssystem entwickelt und charakterisiert, das auf löslichen Proteinen und Kernextrakten aus HeLa-Zellen basiert. Es wird gezeigt, dass in diesem System eine Runde der DNA-Replikation abläuft wobei die Replikation von dem replikativen DNA Polymerase ⋄/Primase-Komplex abhängig ist. Des Weiteren wird gezeigt, dass Protein-freie DNA als Substrat für die *in vitro* Replikation dient, nicht aber Chromatin-verpackte DNA.

SV40 *in vitro* Replikation

Grundlage des hier beschriebenen Systems ist das SV40 *in vitro* Replikationssystem (Gruss, 1999), in dem cytosolische Extrakte aus HeLa-Zellen die Replikation in Abhängigkeit von dem viralen Initiator T-Antigen (T-Ag) unterstützen. Die Ergebnisse der Experimente ohne die Zugabe von T-Ag zeigen, dass für die DNA-Replikation ein Initiator benötigt wird (Abb. 4). In Anwesenheit des Initiators wird die SV40-Origin tragende DNA effizient repliziert. Dieses Experiment zeigt, dass im cytosolischen Extrat alle notwendigen Elongationsfaktoren für eine T-Ag abhängige Replikation enthalten sind, nicht aber die für die Initiation der DNA-Replikation notwendigen Faktoren. Das Auftreten einer Topoisomerleiter in diesen Experimenten zeigt, dass im cytosolischen Extrakt Topoisomeraseaktivität vorhanden ist (Halmer und Gruss, 1997). Dabei wird vor allem Topoisomerase I-Aktivität während der Elongation zum Auflösen der superhelikalen Spannungen, die durch die Helikaseaktivität entstehen, benötigt. Topoisomerase II-Aktivität ist für die Trennung der neu synthetisierten DNA-Moleküle notwendig (Yang et al., 1987).

In vitro Replikation mit Kernextrakten aus HeLa-Zellen

Die Aufgaben des SV40 T-Ag als Initiator werden, in dem hier vorgestellten *in vitro* Replikationssystem durch die Verwendung von Extrakten der Chromatin-gebundenen Proteine aus HeLa-Zellen übernommen. Die geringe aber signifikante Menge an Replikationsprodukten zeigt, dass der Kernextrakt alle Faktoren enthält, die für die Funktion als Initiator notwendig sind. Dabei handelt es sich um die Komponenten des pre-RCs (ORC, Cdc6, Cdt1, MCM2-7) und den, für die Umwandlung des pre-RCs in den prä-Initiationskomplex (pre-IC) wichtigen Faktoren Cdc45, GINS und Mcm10. Einige dieser Komponenten sind nur unter Hoch-Salz-Bedingungen vom Chromatin abzulösen. Zellfraktionierungsexperimente in HeLa-Zellen zeigen, dass die pre-RC-Komponenten

Orc1 und die MCM-Proteine erst bei Salzkonzentrationen von 450mM vom Chromatin eluiert werden (Kreitz et al., 2001). Die geringe Replikationseffizienz in dem *in vitro* System kann anhand eines Vergleichs mit dem SV40-System diskutiert werden. Der Initiator T-Ag übernimmt mehrere Aufgaben bei der Initiation und unterliegt nicht den komplexen und streng kontrollierten Abläufe der zellulären Initiation, bei der eine korrekte Ausbildung des pre-RCs essentiell ist und mehr als ein Dutzend Faktoren zur Initiation notwendig sind. Zudem ist die zelluläre Replikation zeitlich, räumlich und über die Expression koordiniert. Bei der T-Ag abhängigen *in vitro* Replikation finden mehrere Runden der DNA-Replikation statt (Stillman und Gluzman, 1985; Wobbe et al., 1985), wohingegen in dem hier entwickelten System nur eine Runde der DNA-Replikation durchlaufen werden kann. Dies wird aus dem Ansatz mit der Restriktionsendonuklease *MboI* deutlich, in dem keine vollständig unmethylierte, doppelt replizierte und damit *MboI*-sensitive DNA nach der *in vitro* Replikation vorliegt (Abb. 7). Die Dcm-Methylierung der aus Bakterien stammenden DNA könnte ein weiterer Grund für die ineffiziente Replikation sein. In einem *Xenopus* Replikationssystem wird beobachtet, dass CpG methylierte DNA *in vitro* schlechter repliziert wird als unmethylierte. Als Grund für die ineffiziente Replikation wird eine geringere ORC-Bindung an methylierte DNA-Bereiche im Vergleich zu unmethylierten Sequenzen nachgewiesen (Harvey und Newport, 2003a).

Der Vergleich des hier vorgestellten *in vitro* Systems mit anderen Ansätzen zeigt weitere Gründe für die ineffiziente Replikation auf. Gleichzeitig werden die Schwierigkeiten bei der Entwicklung eines solchen Systems verdeutlicht, aber auch die Vorteile, die ein humanes, komplett lösliches *in vitro* Replikationssystem basierend auf somatischen Zellextrakten mit sich bringt. Replikationssysteme, in denen ganze Zellkerne als Substrat verwendet werden ermöglichen zwar die Untersuchung der regulatorischen Mechanismen bei der Initiation (Krude, 2000), die Ereignisse bei der Ausbildung des pre-RCs sind aber nur mit Einschränkungen analysierbar. Grund hierfür ist, dass in den Kernen Proteine und Strukturen enthalten sind, die schon bei der Präparation einen replikationskompetenten Zustand erreicht haben. So ist beispielsweise die Replikation von intakten CHO-Zellkernen in embryonalen *Xenopus* Eiextrakten unabhängig von XlOrc2 (Wu et al., 1997). Dies deutet darauf hin, dass die im Kern enthaltenen pre-RC Komponenten essentiell sind, nicht aber die im Extrakt enthaltenen, und somit manipulierbaren *Xenopus*-Proteine. Die Effizenz der *in vitro* Replikation wird zudem von kernähnlichen Strukturen stimuliert (Blow und Laskey, 1986; Gilbert et al., 1995; Hyrien und Mechali, 1992; Mahbubani et al., 1992), was auch ein Grund für die ineffiziente Replikation in dem hier vorgestellten System sein könnte. Des Weiteren sind, im Vergleich zu embryonalen Extrakten, die Replikationsproteine in Extrakten aus somatischen Zellen in geringeren Mengen vorhanden. Somit sind die Initiations-Proteine in embryonalen Systemen konzentrierter vorhanden, wodurch die Replikationseffizienz gesteigert wird (Blow und Laskey, 1986; Gilbert et al., 1995; Hyrien und Mechali, 1992; Mahbubani et al., 1992). Mit den im Folgenden diskutierten Experimenten wird ein vollständig lösliches *in vitro* Replikationssystem, basierend auf Extrakten aus HeLa-Zellen charakterisiert, dass unabhängig von der Ausbildung kernähnlicher Strukturen ist. Damit ist dieses System einfach und vor allem vollständig manipulierbar. Die Abhängigkeit der Replikation vom Zellzyklus, von pre-RC Komponenten und replikativen DNA Polymerasen (s.u.) macht das hier entwickelte *in vitro* Replikationssystem zu einem wertvollen Werkzeug um Ereignisse sowohl bei der pre-RC Ausbildung als auch bei der Initiation zu studieren.

Die Replikationsprodukte

Die hier vorgestellte *in vitro* Replikation führt zu *DpnI*-resistenten Replikationsprodukten der relaxierten Form II und linearisierten Form III DNA, nicht aber zu superhelikaler Form I DNA. Diese Beobachtung wird auch in anderen *in vitro* Replikationssystemen gemacht und kann durch eine geringe Aktivität der Topoisomerasen I und/oder II im cytosolischen Extrakt erklärt werden (Pearson et al., 1991; Stillman und Gluzman, 1985). Diese geringe Topoisomerase-aktivität ist für die Elongation und Termination der Replikation essentiell, könnte andererseits aber auch das Fehlen von superhelikaler Form I DNA erklären. Für den Erhalt von linearen und relaxierten Replikationsprodukten könnten im Extrakt enthaltenen Endonukleasen verantwortlich sein (Decker et al., 1986). Ebenso könnten die linearen Produkte, die bei mehreren *in vitro* Replikationssystemen beschrieben werden (Ariga und Sugano, 1983; Decker et al., 1986; Minden und Marians, 1986) auch replikative Intermediate sein, die durch das Schneiden der beiden DNA-Stränge bei der Trennung der Tochtermoleküle entstehen (Ariga und Sugano, 1983).

Findet tatsächlich Replikation statt?

Durch den Einsatz von Aphidicolin (Braguglia et al., 1998), das spezifisch die DNA-abhängige DNA-Polymerase δ und den Pol α/Primase-Komplex inhibiert wird gezeigt, dass in diesem *in vitro* System tatsächlich Replikation stattfindet (Goscin und Byrnes, 1982; Ikegami et al., 1978; Lee et al., 1981; Pedrali-Noy et al., 1982). Eine Konzentration von 15µM Aphidicolin führt zu einer kompletten Reduktion der *DpnI*-resistenten Replikationsprodukte, wobei die Menge an markierter *DpnI*-sensitiver DNA unverändert bleibt (Abb. 7). Dieses Ergebnis konnte durch Experimente mit Didesoxynukleotiden (ddNTPs), die in Konzentrationen unter 500µM die für die Reparatur verantwortliche DNA Polymerase β inhibiert, untermauert werden (Odronitz, 2004).

Die Untersuchung der *in vitro* DNA-Replikation bei unterschiedlichen Salzkonzentrationen zeigt bei hohen KOAc-Konzentrationen (160mM) eine Reduktion des radioaktiven Einbaus sowohl in

DpnI-resistente als auch in *DpnI*-sensitive DNA (Abb. 8). Ebenso wie in *in vitro* Transkriptionssystemen, in denen eine von der Salzkonzentration abhängige RNA Polymerase II Aktivität beschrieben wird (Weil et al., 1979), ist es wahrscheinlich, dass auch die Aktivität der DNA-abhängigen DNA-Polymerase δ und des Pol α / Primase-Komplexes Salz-sensitiv ist. Dies würde die hier beobachtete Inhibition der *in vitro* Replikation erklären. Für diese Interpretation sind jedoch weitere Experimenten, wie eine Titration der Salzkonzentration, zur Klärung der Polymerase-Aktivität notwendig.

In einer jüngst veröffentlichten Studie wird unter anderem der Einfluss von unterschiedlichen Anionen auf die Bindungs- und Helikase-Aktivität des MCM2-7-Komplexes untersucht (Bochman und Schwacha, 2008). Das Ergebnis dieser neuesten Studie zeigt, dass Chlorid-Ionen einen inhibitorischen Effekt auf die DNA-Bindung und Helikase-Aktivität von MCM2-7 haben. Diese Beobachtung könnte auch die geringe Effizienz der *in vitro* Replikation erklären, da bei der Extraktpräparation Kaliumchlorid und Natriumchlorid verwendet wurde.

Bei der Betrachtung der *DpnI*-sensitiven Abbauprodukte ist zu diskutieren, ob hier nicht doch Initiationsereignisse stattgefunden haben. Das Auftreten von DNA-Fragmente, die größer als die zu erwartenden größten *DpnI*-Abbauprodukte (>1200bp) sind, lässt einen partiellen *DpnI*-Verdau vermuten. Die Ursache hierfür könnte darin liegen, dass die pre-RC Ausbildung und eine kurze Elongation stattfindet bevor die Replikation unterbrochen wird. Das Resultat wären replikative Intermediate mit einer partiell-hemimethylierten DNA, in denen einige *DpnI*-Schnittstellen resistent gegenüber *DpnI* sind und nicht geschnitten werden können.

Zur weiteren Charakterisierung des *in vitro* Replikationssystems sind noch einige Vorarbeiten, die im Labor von Prof. Dr. R. Knippers (Universität Konstanz) durchgeführt wurden zu erwähnen. Eine effiziente Replikation findet nur in Anwesenheit von cytosolischem Extrakt und Kernextrakt statt und ist abhängig von ATP und einem ATP-regenerierendem System.

Des Weiteren hat die Zugabe von α-Amanitin sowie die Behandlung mit RNase H keinen Einfluss auf die DNA-Replikation, was die Möglichkeit ausschließt, dass RNA Polymerase-abhängige RNA-Synthese oder im Extrakt befindliche RNA die Primer für die *in vitro* DNA-Synthese bereitstellen. Bei der Analyse der Replikationsprodukte während der DNA-Replikation werden nach der Denaturierung in alkalischen Agarosegelen sowohl lange als auch kurze (200 - 1000bp) DNA-Stränge detektiert (Vorwärts- und Rückwärtsstränge), die mit fortlaufender Synthesedauer in DNA-Stränge einheitlicher Länge überführt werden. Dieses Experiment zeigt, dass in dem vorgestellten *in vitro* Replikationssystem eine Prozessierung der Replikationsprodukte stattfindet. Zudem wird in Depletionsexperimenten gezeigt, dass die *in vitro* DNA-Replikation von den pre-RC-Proteinen Orc1, Orc2 und Mcm3 abhängig ist (Baltin et al., 2006; Odronitz, 2004).

Mit den hier diskutierten Experimenten wird gezeigt, das in dem vollständig löslichen *in vitro* Replikationssystem, basierend auf Extrakten aus HeLa-Zellen, der radioaktive Einbau in die Replikationsprodukte tatsächlich auf Replikation zurückzuführen ist. Da das System unabhängig von der Ausbildung kernähnlicher Strukturen und somit einfach und vor allem vollständig manipulierbar ist, eignet es sich zur mechanistischen Untersuchung der Ereignisse bei der pre-RC Ausbildung und der Initiation der DNA-Replikation sowie der zugrunde liegenden regulatorischen Mechanismen. Die Replikationseffizienz des Systems ist relativ gering. Ein vertieftes Verständnis der Abläufe während der pre-RC Ausbildung und der Initiation würde auch zu einer Steigerung der Replikationseffizienz beitragen. Ein Beispiel ist der Einsatz rekombinanter Proteine. So konnte gezeigt werden, dass rekombinantes HsOrc1, im dephosphoryliertem Zustand die *in vitro* DNA-Replikation stimuliert, nicht aber der HsOrc1-5-Komplex (Baltin et al., 2006). Das Ziel zukünftiger Arbeiten wird sein, die zellulären Komponenten durch rekombinante Proteine zu ersetzen, um deren Funktion bei der DNA-Replikation aufzuklären. Die in dieser Arbeit hergestellten, rekombinanten HsORC-Proteine sowie die HsCdc6-Proteine sollen auf ihre Fähigkeit getestet werden, die *in vitro* DNA-Replikation zu unterstützen. Auf diese Weise soll beispielsweise die Funktion der Cdc6-Phosphorylierung im N-terminalen Bereich (s.u.) nicht nur im Hinblick auf die pre-RC Ausbildung, sondern auch auf die nachfolgenden Schritte der DNA-Replikation untersucht werden.

Chromatin und die *in vitro* DNA-Replikation

Die Beobachtung, dass Chromatin-verpackte DNA nicht als Substrat für die *in vitro* Replikation dient (Abb. 9) ist damit zu erklären, dass die Zugänglichkeit der Replikationsmaschinerie an DNA durch die Verpackung der DNA in Nukleosomen unterdrückt ist. In SV40 *in vitro* Replikationsstudien mit SV40-Minichromosomen und rekonstituiertem Chromatin, das den SV40-Origin trägt wird gezeigt, dass der kritische Schritt für die Replikation von Chromatin-Substraten die Bindung des T-Ag an den Origin ist. Nach der erfolgreichen Initiation kann die DNA-Replikationsmaschinerie relativ ungehindert die, in Nukleosomen verpackte DNA replizieren. Voraussetzung für eine effiziente Replikation ist jedoch ein Nukleosomen-freier SV40-Origin (Cheng und Kelly, 1989; Gruss et al., 1993; Ishimi, 1992). Zudem zeigen *in vitro* SV40-Replikationsstudien mit Cromatin-verpackter SV40-DNA, dass für die Bindung der Initiationsfaktoren an den Origin „Chromatin-Remodelling-Faktoren" notwendig sind. So bewirkt der „Chromatin accessibility complex" (CHRAC) eine Veränderung der Chromatin-Struktur am SV40-Origin und ermöglicht so die Bindung des T-Ag und die Initiation der DNA-Replikation (Alexiadis et al., 1998). Die Beobachtung in der hier vorliegenden Arbeit, dass im *in vitro* Replikationsansatz mit Chromatin-verpackter DNA, die bei einem DNA:Histon-Massenverhältnis von 1:0,8 rekonstituiert wurde, kleinste Mengen *DpnI*-resistenter Replikationsprodukte detektiert werden können (Abb. 9) lässt vermuten, dass an den Protein-freien Regionen (Hertel et al., 2005) die DNA-Replikation initiiert werden kann. Bei höheren DNA:Histon-Verhältnissen sind keine Protein-freien Regionen verfügbar (Hertel et al., 2005) und die Replikation ist vollständig inhibiert. Weitere Experimente müssen klären, ob durch Zugabe von Remodelling-Aktivitäten Protein-freie DNA-Regionen entstehen, an denen dann die zelluläre Replikationsmaschinerie binden kann und die Replikation initiiert wird. Der in der vorliegenden Arbeit beobachtete Rückgang der Replikationseffizienz entspricht im Verhältnis dem, der auch bei dem Vergleich von Protein-freier SV40-DNA mit SV40-Chromatin bei der T-Ag abhängigen *in vitro* Replikation beobachtet wird (Halmer et al., 1998).

5.2 CyclinA ist essentiell für die *in vitro* DNA-Replikation

Im zweiten Teil dieser Arbeit wird durch die Verwendung von Extrakten aus synchronisierten HeLa-Zellen gezeigt, dass die *in vitro* DNA-Replikation einer zellzyklusabhängigen Regulation unterliegt. Dabei wird durch Depletionsexperimente nachgewiesen, dass CyclinA für die *in vitro* DNA-Replikation in G1/S-Phase-Extrakten essentiell ist.

Die zellzyklusabhängige Regulation der Replikation ist für die fehlerfreie und kontrollierte Verdopplung des Genoms genau einmal pro Zellzyklus essentiell. Dabei ist die zeitliche Trennung von der Ausbildung replikationskompetenter Komplexe und der Initiation der DNA-Replikation entscheidend. Die pre-RC Ausbildung wird in der G1-Phase abgeschlossen, bevor am Übergang zur S-Phase die Replikation initiiert wird. Eine stark reduzierte Cyclin-Aktivität in der G1-Phase ist dabei für die Ausbildung des pre-RCs essentiell (Nguyen et al., 2001). In den G1-Phase synchronisierten Extrakten ist dies auch nachgewiesen (Abb. 10B) Cyclin-Aktivität wird für den Eintritt in die S-Phase benötigt (Kelly und Brown, 2000). Die Ergebnisse aus den Synchronisations-Experimenten zeigen, dass in G1-Phase-Extrakten, ohne detektierbare Cyclin-Expression, im Gegensatz zu den Extrakten aus Zellen am G1/S-Phase-Übergang und in der S-Phase, keine *in vitro* Replikation stattfindet (Abb. 10). Die Frage, welche Aktivitäten für die *in vitro* DNA-Replikation benötigt werden, wird im Folgenden diskutiert. Ein Grund für die fehlende Replikationsaktivität der G1-Phase-Extrakte könnte mit der Anwesenheit von CDK-Inhibitoren wie p21 und p27 erklärt werden, die durch das Binden an die Cycline und die CDKs deren Funktion blockieren (De Clercq und Inze, 2006). Eine weitere mögliche Erklärung wäre das Fehlen von Faktoren, die G1/S-spezifisch transkribiert werden. So unterliegen viele der essentiellen Proteine für die DNA-Replikation, wie beispielsweise Orc1 (Ohtani et al., 1996), Cdt1 (Yoshida und Inoue, 2004), Cdc25 (Vigo et al., 1999), Cdc2 (Cdk1) (Dalton, 1992), Cdc6 (Ohtani et al., 1998), Pol ε_{cs}, Cyclin E und

Cyclin A, einer E2F-abhängigen Transkription (Leone et al., 1999; Nevins et al., 1997) und sind im verwendeten G1-Phase-Extrakt entweder gar nicht oder in nicht ausreichender Menge vorhanden. Die Western Blots der synchronisierten Extrakte lassen dies für die S-Phase einleitenden CyclineA und E und die pre-RC-Komponente Mcm3 vermuten (Abb. 10B). Weitere Western Blots zur Analyse der essentiellen Replikationsproteine und CDK-Inhibitoren sind jedoch nötig um diese Vermutungen zu untermauern.

Die Beobachtung, dass die Depletion von CyclinA aus G1/S-Phase-Extrakten zur Inhibition der *in vitro* DNA-Replikation führt (Abb. 11) unterstreicht die Bedeutung von CyclinA-Cdk2 für die Initiation der DNA-Replikation. Da G1/S-Phase-Extrakte die *in vitro* Replikation unterstützen ist davon auszugehen, dass alle benötigten Faktoren in ausreichender Menge im Extrakt vorhanden sind. Für den Eintritt in die S-Phase ist die Aktivierung des CyclinA-Cdk2-Komplexes durch die Cdc25-Phosphatase vermittelte Dephosphorylierung der Cdk2-Untereinheit an Thr14 und Tyr15 und die SCF(Skp2)-vermittelte Degradation von p21 und p27 essentiell (Sherr und Roberts, 1999). Durch die CyclinA-Cdk2 vermittelte Phosphorylierung von Rb wird dieses degradiert und der E2F-Transkriptionsfaktor kann die Transkription der oben beschrieben Gene aktivieren, so dass die Proteinsynthese der Replikationsproteine am G1/S-Phase-Übergang bereits abgeschlossen ist. Die transkriptionellen Anforderungen sowie die Inaktivierung der inhibitorischen Faktoren sind demnach in den G1/S-Phase-Extrakten zum Zeitpunkt der Präparation bereits abgeschlossen und es ist ein Milieu geschaffen, das eine funktionelle Ausbildung des pre-RCs und die Initiation der *in vitro* DNA-Replikation erlaubt. Diese beiden Anforderungen, die sich, wegen der oben beschriebenen zeitlichen Trennung der beiden Ereignisse, an sich ausschließen, könnten ein weiterer Grund für die ineffiziente Replikation in diesem *in vitro* System sein.

Unter Berücksichtigung der Begebenheiten, dass die inhibitorischen Faktoren inaktiviert sowie ausreichende Mengen an Replikationsproteinen vorhanden sind, und der in dieser Arbeit beschriebenen essentiellen Funktion von CyclinA für die *in vitro* Replikation ist davon auszugehen, dass CyclinA eine weitere essentielle Aktivität besitzt, die DNA-abhängig ist. Eine solche Funktion von CyclinA ist in *S. cerevisiae* beschrieben. Die Hypothese, dass auch bei der *in vitro* Replikation im humanen System eine DNA-abhängige CyclinA-Aktivität essentiell sein könnte, wird im Folgenden diskutiert und ist in dem Modell in Abbildung 20 unter D dargestellt. In der Bäckerhefe *S. cerevisiae* gelang es, die minimal erforderliche Aktivität von Cyclin A-Cdk2 zu identifizieren, die für die Initiation der DNA-Replikation notwendig ist. In diesen Experimenten wird gezeigt, dass die S-Phase-CDK (S-CDK) vermittelte Phosphorylierung von Sld2 und Sld3, zwei für die Rekrutierung von Cdc45 essentielle Proteine, die einzige S-CDK-Aktivität ist, die für die Initiation der Replikation und damit zum Übergang in die S-Phase benötigt wird. Dabei ist die Phosphorylierung von Sld2 und Sld3 für die Interaktion mit Dpb11 essentiell. Die Bindung von Dbp11, Sld3 und Sld2 stimuliert, durch die Rekrutierung von Cdc45, die Ausbildung der Replikationsmaschinerie und findet an Stellen statt, die durch den ORC als Origins der DNA-Replikation markiert sind (Tanaka et al., 2007; Zegerman und Diffley, 2007).

Zusätzlich zeigen diese Studien, dass ein zweiter zellzyklusregulierender Kinase-Komplex, der Dbf4/Cdc7-Komplex (DDK), für die Initiation der DNA-Replikation essentiell ist. DDK phosphoryliert den Mcm2-7-Komplex und induziert wahrscheinlich eine strukturelle Veränderung, die für die Helikase-Aktivität des Mcm2-7-Komplexes nach der Assoziation von Cdc45 und dem GINS-Komplex an den pre-RC notwendig ist (Hoang et al., 2007; Moyer et al., 2006; Sheu und Stillman, 2006). Neuere Studien deuten darauf hin, dass der Komplex aus Cdc45, Mcm2-7 und GINS die replikative DNA-Helikase darstellt (Moyer et al., 2006). Die Identifizierung von Dbp11-Homologen in höheren Eukaryoten und deren essentielle Funktion bei der Cdc45-Rekrutierung lässt einen ähnlichen Mechanismus für den Übergang von der G1- zur S-Phase vermuten (*Xenopus*:(Van Hatten et al., 2002); Human:(Schmidt et al., 2008); *Drosophila*:(Yamamoto et al., 2000)). Des Weiteren konnte in *Xenopus* ein Sld2-Homolog identifiziert werden, dass für die DNA-Replikation essentiell ist (Matsuno et al., 2006; Sangrithi et al., 2005).

Die in diesem Teil der vorliegenden Arbeit gezeigten Ergebnisse führen zur Hypothese, dass die für die *in vitro* Replikation in G1/S-Phase-Extrakten benötigte Funktion von CyclinA eventuell die in Hefe beschriebene Phosphorylierung der Sld2-/Sld3-Proteine ist (Abb. 20 (D)). Diese beiden Proteine sind die einzigen bis heute beschriebenen S-CDK-Substrate, die einer stimulierenden Phosphorylierung unterliegen, die für die Initiation der DNA-Replikation essentiell sind. Die Herstellung von Fusionsproteinen, die den pre-RC mit der Replikationsmaschinerie koppeln, sollte in zukünftigen Experimenten Aufschluss darüber geben, ob die CyclinA-Cdk2-Funktion tatsächlich in der Vermittlung der Cdc45-Rekrutierung liegt. Zudem ist zu klären, welchen Effekt CyclinE auf die Initiation der DNA-Replikation hat.

5.3 HsCdc6 wird DNA-gebunden phosphoryliert

Im dritten Teil dieser Arbeit wird ein DNA-Bindungssystem etabliert, das die Analyse der pre-RC Ausbildung auf immobilisierten Plasmiden, basierend auf Kernextrakten aus HeLa-Zellen, erlaubt. Die Ergebnisse dieser Experimente werden im Folgenden erläutert und der Mechanismus der beobachteten Cdc6-Phosphorylierung anhand der teils widersprüchlichen Literatur diskutiert. Im Modell in Abbildung 20 sind die Ergebnisse aus diesem Teil der Arbeit schematisch dargestellt und mit B bzw. C gekennzeichnet.

Das humane DNA-Bindungssystem

Wie in den Arbeiten mit *X. laevis* Eiextrakten (Waga und Zembutsu, 2006) kann auch in dem hier vorgestellten humanen System eine Bindung der pre-RC-Komponenten an die Plasmid-DNA nachgewiesen werden. Die Beobachtung, dass im Vergleich zur eingesetzten Menge prozentual mehr Orc1-Moleküle an DNA binden als von den anderen ORC-Proteinen, kann auf das substöchiometrische Verhältnis von Orc1 im Kernextrakt zurückgeführt werden. Die Ergebnisse deuten darauf hin, dass Orc1-5 als Holokomplex an DNA bindet und Orc1 dabei der limitierende Faktor ist (Abb. 12). Ergebnisse mit rekombinantem HsOrc1 unterstützen diese Theorie, da die Zugabe von rekombinantem HsOrc1 zur im ersten Teil der Arbeit beschriebenen *in vitro* Replikation zu einer Steigerung der Replikationseffizient führt (Baltin et al., 2006). Ob dies an einem Anstieg in der Anzahl an ausgebildeten pre-RCs liegt ist in zukünftigen DNA-Bindungsstudien zu klären. Die Beobachtung, dass auch prozentual mehr Cdc6-Moleküle an DNA binden, kann einerseits ebenfalls mit einer substöchiometrischen Menge im Extrakt erklärt werden, andererseits deuten Studien über das Bindungsverhalten von pre-RC-Komponenten in CHO-Zellen darauf hin, dass wahrscheinlich 2 Moleküle Cdc6 und nur ein ORC pro 100kb an DNA binden (Cao et al., 2007).

In dem hier verwendeten DNA-Bindungssystem, das auf Extrakten aus somatischen Zellen basiert, ist zu erkennen, dass die Bindungseffizienz unter der liegt, die im embryonalen *Xenopus* System (Waga und Zembutsu, 2006) beobachtet wird. Grund hierfür könnte, wie schon bei der *in vitro* Replikation diskutiert wurde, die höhere Konzentration der pre-RC Komponenten im embryonalen *Xenopus* Eiektrakt sein. Embryonale Zellen besitzen große Mengen an Replikationsproteinen und es findet, im Gegensatz zu somatischen Zellen, keine Proteinsynthese statt. Die hier verwendeten HeLa-Zellen sind jedoch auf die Neu-Synthese von, für die DNA-Replikation essentiellen Proteine angewiesen. Um dieses Problem zu lösen, ist ein Ziel zukünftiger Experimente einen sehr hoch konzentrierten Kernextrakt zu präparieren, damit die pre-RC Komponenten konzentrierter eingesetzt werden können. Um auszuschließen, dass inhibitorische Faktoren in den Extrakten aus asynchron wachsenden HeLa-Zellen die Ausbildung des pre-RCs inhibieren, sollen in zukünftigen Experimenten Extrakte aus synchronisierten Zellen eingesetzt werden.

Die Rolle von ATP

Die Beobachtung, dass die MCM2-7-Bindung ATP-abhängig ist entspricht den Ergebnissen früherer Studien, in denen gezeigt wird, dass die ATP-Bindung und die ATP-Hydrolyse durch Orc1 und Cdc6 für das reiterative Laden des MCM2-7-Komplexes notwendig ist (Bowers et al., 2004; Gillespie et al., 2001; Harvey und Newport, 2003a; Perkins und Diffley, 1998; Randell et al., 2006;

Seki und Diffley, 2000). Obwohl die ORC-DNA-Bindung ebenfalls ATP-abhängig ist (Bell und Stillman, 1992; Makise et al., 2003), kann in den hier gezeigten Experimenten auch ohne die Zugabe von ATP eine ORC-Bindung beobachtet werden. Grund hierfür könnte das im Extrakt enthaltene ATP sein, das bei der Extraktpräparation eingesetzt wird und für die Integrität von ORC entscheidend ist (Ranjan und Gossen, 2006). Die Beobachtung, dass im *Xenopus*-System nach der MCM2-7-Ladung die ORC-Proteine von der DNA abgelöst werden (Waga und Zembutsu, 2006), kann in den hier vorgestellten Experimenten nicht beobachtet werden. Lediglich für Orc1 wird ein schwacher Rückgang detektiert (Abb. 13). Ursache hierfür könnte sein, dass die MCM-Proteine lediglich an die DNA assoziiert vorliegen, die Ladung des MCM-Komplexes aber noch nicht abgeschlossen ist. Die MCM2-7-Proteine bilden einen ringförmigen Komplex (Adachi et al., 1997; Fletcher et al., 2003; Sato et al., 2000), der durch die ATP-Hydrolyse von Orc1 und Cdc6 geladen wird (Perkins und Diffley, 1998). Des Weiteren werden im *Xenopus*-System Replikationsgabeln ausgebildet und demnach die ORC-Proteine, nach der Initiation, nicht mehr benötigt (Rowles et al., 1999; Zembutsu und Waga, 2006). Da in dem in dieser Arbeit vorgestellten System jedoch nur Kernextrakte und keine cytosolischen Extrakte eingesetzt werden, kann keine DNA-Replikation stattfinden und die ORC-Proteine bleiben an der DNA gebunden. Die ATP-Experimente zeigen weiter, dass ATP auch die Cdt1-Bindung stimuliert, was vermutlich in der Assoziation von Cdt1 mit MCM2-7 begründet ist. Der Anstieg in der Cdc6-Bindung nach Zugabe von ATP könnte mit einer intrinsischen DNA-Bindungsaktivität erklärt werden. Studien mit ScCdc6 zeigen eine Sequenz-unspezifische DNA-Bindungs-Aktivität (Feng et al., 2000) und jüngere Studien deuten auf eine kooperative Bindung von ScORC und ScCdc6 an ARS1-Origin DNA hin, die zu einem erweiterten, pre-RC ähnlichen DNase I-Footprint führt (Speck et al., 2005). Die Frage, ob auch das humane Cdc6-Protein intrinsische DNA-Bindungsaktivität besitzt ist in zukünftigen Experimenten zu klären. Zudem soll in weiteren Experimenten unter Verwendung von nicht hydrolysierbaren ATP-γS die Rolle der ATP-Hydrolyse näher charakterisiert werden.

<u>Die Cdc6-Phosphorylierung</u>

Die in dieser Arbeit gezeigten DNA-Bindungsstudien führen zu weiteren Erkenntnissen über den Mechanismus und die Funktion der HsCdc6-Phosphorylierung. Es wird gezeigt, dass für die DNA-Bindung von Cdc6 keine Phosphorylierung notwendig ist, da auch eine nicht phosphorylierbare Cdc6-Mutante DNA bindet (Abb. 15). Dieses Ergebnis, zusammen mit der Beobachtung, dass ungebundenes Cdc6 im Überstand nicht phosphoryliert ist (Abb. 14), lässt weiter darauf schließen, dass Cdc6 erst an DNA bindet bevor es phosphoryliert wird (Abb. 20C). Die Funktion der Cdc6-Phosphorylierung wird in früheren Arbeiten untersucht. Die Cdk2 vermittelte Phosphorylierung von

HsCdc6 führt zu einem Export aus dem Nukleus und ist für die Initiation der DNA-Replikation notwendig (Herbig et al., 2000; Jiang et al., 1999). Andere Arbeiten, die ebenfalls einen vom Phosphorylierungszustand abhängigen Export beobachten, zeigen jedoch, dass die Phosphorylierung keinen Einfluss auf die Bindung von Cdc6 an Orc1 und die Initiation der DNA-Replikation hat (Delmolino et al., 2001; Petersen et al., 1999). Diese Ergebnisse werden von Beobachtungen bestätigt, die zeigen, dass zwar exogenes Cdc6 einem Cdk2-vermittelten Export unterliegt, endogenes Cdc6 aber in der S- und G2-Phase Chromatin-gebunden bleibt. Des Weiteren wird in diesen Studien gezeigt, dass die Chromatinassoziation unabhängig vom Cdc6-Phosphorylierungszustand erfolgt (Alexandrow und Hamlin, 2004; Coverley et al., 2000). Immunfluoreszenz Mikroskopie-Studien belegen, dass CyclinA-Cdk2 während der S-Phase in Replikations-Foci lokalisiert (Cardoso et al., 1993). Diese Kolokalisation mit Replikationsproteinen stellt einen möglichen Mechanismus der Origin-Selektion dar und erlaubt eine lokale Regulation der DNA-Replikation. In einer früheren Arbeit (Ritzi et al., 2003) und in der vorliegenden Arbeit wird gezeigt, dass CyclinA Chromatin-gebunden vorliegt (Abb. 10B). So sprechen diese Studien für eine DNA-gebundene CyclinA-Cdk2-Aktivität, die auch für die hier gezeigte DNA-abhängige Cdc6-Phosphorylierung verantwortlich sein könnte. Zur Aufklärung der Frage, welche Funktion die Cdc6-Phosphorylierung, neben dem nuklearen Export hat, sind weitere Experimente notwendig, die eine mögliche Rolle für die pre-RC-Ausbildung/-Stabilität, die MCM2-7-Ladung und/oder auch der Umbildung des pre-RCs zum pre-IC untersuchen. Wie weiter vorne diskutiert, könnte eine der Chromatin-assoziierten Funktionen von CyclinA die stimulierende Phosphorylierung von Sld2 und Sld3, die letztendlich zur Rekrutierung von Cdc45 führt, sein. Um diese Fragen mit dem hier etablierten DNA-Bindungssystem zu beantworten ist jedoch eine effizientere MCM2-7-Ladung notwendig. Die Verwendung von synchronisierten Extrakten und das Ausschalten von eventuell inhibierenden Faktoren ist Ziel zukünftiger Arbeiten.

5.4 Die Rolle von Orc6 bei der pre-RC Ausbildung und der ORC-DNA-Bindung

Im letzten Teil dieser Arbeit wird das initiale Ereignis der DNA-Replikation, die Bindung des „Origin Recognition Complex" an DNA und die Rolle des Orc6-Proteins bei der pre-RC Ausbildung untersucht. Die Ergebnisse zeigen eine Funktion von Orc6 bei der Cdc6-Rekrutierung und/oder Erhaltung an DNA. Experimente mit rekombinanten ORC-Proteinen ermöglichten die Identifizierung eines DNA-Bindemotivs in Orc6 und zeigen, dass die DNA-Bindung von Orc1-5 unabhängig von Orc6 ist (Abb. 20A).

Die hier vorgestellten EMSA-Studien mit rekombinanten Orc6-Proteinen belegen, dass HsOrc6, wie das DmOrc6, ein konserviertes DNA-Bindemotiv besitzt und beide Homologe unabhängig von anderen Faktoren DNA binden (Balasov et al., 2007). Im Unterschied zu DmOrc6 wird HsOrc6 jedoch nicht für die DNA-Bindung des Orc1-5-Komplexes benötigt (Chesnokov et al., 2001) (Abb. 17). Somit stellt sich die Frage, welche Funktion HsOrc6 bei der DNA-Replikation hat. Einen Anhaltspunkt liefern die hier gezeigten DNA-Bindungsstudien mit HeLa-Kernextrakten, in denen die Depletion von Orc6 zu einer reduzierten Cdc6-Bindung führt, die teilweise durch Zugabe von rekombinantem Orc6 wiederhergestellt werden kann (Abb. 16). Diese Experimente deuten demnach auf eine Funktion bei der Cdc6-Rekrutierung und/oder Erhaltung an DNA hin. Unterstützt wird diese Theorie durch die Beobachtung, dass in bimolekularen Fluoreszenz Komplementations-Experimenten (BiFC) eine Interaktion zwischen Orc6 und Cdc6 nachgewiesen ist (Thomae, 2007). Um diese Ergebnisse zu bestätigen wäre zu untersuchen, ob die Orc6-DNA-Bindungsmutante, entsprechend dem *Drosophila*-Homolog, *in vivo* einen dominant negativen Effekt besitzt und welchen Einfluss die Orc6-Mutante auf die Cdc6-Chromatinbindung und die DNA-Replikation hat. Aufgrund der Untersuchungen des HsOrc1-5-Komplexes in DNA-Retardationsexperimenten ist die Expression und Aufreinigung eines rekombinanten Komplexes in Insektenzellen ein wichtiger Bestandteil dieser Arbeit. Durch die Aufreinigung des Orc1-5-Komplexes über die Orc1-Untereinheit ist es gelungen, einen stöchiometrischen Komplex zu reinigen. Die Ergebnisse der Aufreinigung zeigen, dass nur der Holokomplex (Orc1-5) aufgereinigt wird, nicht aber der Subkomplex bestehend aus Orc2-5 (Abb. 18). Somit wird in dieser Arbeit das Problem aus älteren Arbeiten, in denen Orc1 nach der Aufreinigung in einem substöchiometrischen Verhältnis vorliegt, gelöst (Vashee et al., 2003; Vashee et al., 2001).

In zukünftigen Experimenten soll nun die Struktur des Orc1-5-Komplexes mittels Cryo-Elektronenmikroskopie aufgeklärt werden. Durch Aufnahmen des an DNA komplexierten Orc1-5-Komplexes soll die Frage beantwortet werden, wie ORC an DNA bindet. Erste EM-Aufnahmen zeigen bereits, dass der hier gereinigte Orc1-5-Komplex aus einer homogenen Population besteht und stabil genug ist, um solche Studien durchzuführen. Ein weiteres Ziel ist es, die aufgereinigten Proteine in den zuvor vorgestellten *in vitro* Systemen einzusetzen und so die genauen Mechanismen der pre-RC Ausbildung aufzuklären.

Die in dieser Arbeit diskutierten Ergebnisse erweitern unser Verständnis der initialen Ereignisse der DNA-Replikation. Mit der Entwicklung eines vollständig löslichen *in vitro* Replikationssystems gelang es, die Bedeutung von CyclinA als ein, für die Initiation der Replikation essentielles Protein am G1/S-Phase-Übergang zu unterstreichen. Die gezeigte Chromatinassoziation von CyclinA in der G1/S- und S-Phase des Zellzyklus deutet auf eine Funktion von CyclinA bei der Origin-Selektion hin und stellt einen möglichen Mechanismus für eine lokale Regulation der DNA-Replikation dar.

So konnte in DNA-Bindungsstudien gezeigt werden, dass HsCdc6 erst nach der Rekrutierung an ORC und DNA phosphoryliert wird. Diese Phosphorylierung findet an den N-terminalen CyclinA-Cdk2-Phosphorylierungsstellen statt. Durch weitere DNA-Bindungsversuche konnte zudem eine Rolle der kleinsten ORC-Untereinheit (Orc6) bei der Rekrutierung und/oder Erhaltung von HsCdc6 an ORC/DNA nachgewiesen werden. Im Gegensatz zu DmOrc6 wird HsOrc6 jedoch nicht für die DNA-Bindung des HsOrc1-5-Komplexes benötigt.

Mit den in dieser Arbeit vorgestellten *in vitro* Methoden sollte in zukünftigen Studien eine detaillierte Aufklärung der regulatorischen und mechanistischen Ereignisse bei der pre-RC Ausbildung und der Initiation der DNA-Replikation ermöglicht werden.

6 Zusammenfassung

Ziel der vorliegenden Arbeit war, durch *in vitro* Studien die Mechanismen der humanen DNA-Replikation sowie deren Regulation näher zu charakterisieren. Dabei lag der Fokus auf den initialen Ereignissen der Replikation: die Bindung des „Origin recognition complex" (ORC) an DNA und die Ausbildung des prä-Replikationskomplexes (pre-RC).

Im ersten Teil der Arbeit wurde ein komplett lösliches *in vitro* Replikationssystem, basierend auf Extrakten aus HeLa-Zellen etabliert. Durch Verwendung des viralen Initiators SV40-T-Ag wurde gezeigt, dass der cytosolische Extrakt die Aktivitäten enthält, die für die Elongation notwendig sind. Die Funktion des Initiators wurde dann durch Hoch-Salz Extrakte aus HeLa-Zellen, die die Chromatin-gebundenen Proteine enthalten ersetzt. Die *in vitro* DNA-Replikation ist in diesem System von der DNA-abhängigen DNA Polymerase δ und dem Pol α / Primase-Komplex abhängig. Des Weiteren konnte durch Verwendung von Extrakten aus synchronisierten HeLa-Zellen gezeigt werden, dass die *in vitro* Replikation, wie die zelluläre Replikation, einer zellzyklusabhängigen Regulation unterliegt. G1-Phase-Extrakte, die eine niedrige Cyclin-Aktivität besitzen, zeigten eine geringe Replikationseffizienz, wohingegen Extrakte aus der G1/S- und S-Phase die *in vitro* Replikation gut unterstützen. Durch Depletionsexperimente gelang es, in den gut replizierenden G1/S-Phase-Extrakten, CyclinA als einen essentiellen Faktor für die *in vitro* DNA-Replikation zu identifizieren.

Mit der Entwicklung eines humanen DNA-Bindungssystems im zweiten Teil dieser Arbeit gelang es, die pre-RC Ausbildung an immobilisierte Plasmid-DNA näher zu charakterisieren. So konnte gezeigt werden, dass HsCdc6 aus HeLa-Kernextrakten erst nach der DNA-Bindung phosphoryliert wird. Durch die Zugabe von rekombinantem Cdc6 wurde weiter gezeigt, dass die Phosphorylierung, zumindest teilweise, an den fünf N-terminalen CyclinA-Cdk2-Phosphorylierungsstellen stattfindet. Zur Aufklärung der Rolle des Orc6-Proteins wurden Depletionsexperimente durchgeführt. Die Ergebnisse zeigen, dass Orc6 einen stimulierenden Effekt auf die DNA-Assoziation von Cdc6 hat.

Im letzten Teil dieser Arbeit wurden mit Hilfe von rekombinanten Proteinen die DNA-Bindungseigenschaften des humanen ORC untersucht. Dabei gelang es, mittels des Baculovirus-Expressionssystems einen stöchiometrischen HsOrc1-5-Komplex aufzureinigen, der unabhängig von der kleinsten ORC-Untereinheit (Orc6) DNA bindet. Orc6 wiederum ist ebenfalls zur selbstständigen DNA-Bindung fähig und es konnte im N-terminalen Bereich vom HsOrc6 ein DNA-Bindemotiv identifiziert werden.

7 Abkürzungsverzeichnis

α	Anti, alpha	PAA	Polyacrylamid
°C	Grad Celsius	PBS	Phosphate-buffered saline
ACE	ARS Konsensus Element	PCNA	Proliferating cell nuclear antigen
ARS	Autonom replizierende Sequenz	PCR	Polymerase-Kettenreaktion
ATP	Adenosin-Triphosphat	PI	Propidiumiodid
bp	Basenpaar	PMSF	Phenylmethylsulfonyl-fluorid
CDC	Cell division cycle	preIC	prä-Initiationskomplex
CDK	Cyclin-dependent kinase	preRC	prä-Replikationskomplex
cDNA	Komplementär-DNA	PTM	posttranslationale Modifikation
ChIP	Chromatin-Immunpräzipitation	RI	Replikative Intermediate
CHO	Chinese hamster ovary	rmp	Rounds per minute
Ci	Curie	RPA	Replikationsprotein A
CMV	Cytomegalie-Virus	RT	Raumtemperatur
CV	Säulenvolumen	Sc	*Saccharomyces cerevisiae*
Da	Dalton	SDS	Natriumdodecylsulfat
Dm	*Drosophila melanogaster*	s	Sekunde
DMEM	Dulbecco's Modified Eagle's Medium	Sp	*Saccharomyces pombe*
		SV40	Simian Virus 40
DMSO	Dimethylsulfoxid	T-Ag	T-Antigen
DNA	Desoxyribonukleinsäure	TBE	Tis-Borat-EDTA
DNase	Desoxyribonuklease	TE	Tris-EDTA
EDTA	Ethylendiamintetra-essigsäure	UPR	upstream promotor region
FACS	Fluorescence Activated Cell Sorting	UV	Ultraviolett
		V	Volt
FCS	Fötales Kälberserum	Xl	*Xenopus laevis*
g	Erdbeschleunigung		
g	Gramm		
h	Stunde		
Hs	human, *Homo sapiens*		
IgG	Immunglobulin G		
IP	Immunpräzipitation		
Kan	Kanamycin		
l	Liter		
LB	Luria Bertani		
LMW	low-molecular weight		
M	Molar		
m	Meter		
Mcm	Minichromosome maintenance		
min	Minute		
MNase	Micrococcus Nuklease		
NP-40	Nonident P-40		
NTP	Nukleotid-Triphosphat		
OD	Optische Dichte		
ORC	Origin Recognition Complex		

8 Abbildungsverzeichnis

Abb. 1 Schematische Darstellung der Ausbildung und Aktivierung des pre-RCs 5
Abb. 2 Schematische Darstellung des HsCdc6 8
Abb. 3 Die Komponenten des klassischen SV40 in vitro Replikationssystems 38
Abb. 4 T-Ag abhängige SV40 in vitro Replikation 39
Abb. 5 Komponenten des in vitro Replikationssystems mit menschlichen Kernextrakten 41
Abb. 6 Chromatin-gebundene Proteine aus HeLa-Zellen unterstützen die in vitro DNA-Replikation 43
Abb. 7 Aphidicolin hemmt die in vitro DNA-Replikation 45
Abb. 8 In vitro DNA-Replikation mit unterschiedlichen Salzkonzentrationen 46
Abb. 9 Chromatin-verpackte DNA inhibiert die in vitro DNA-Replikation 48
Abb. 10 Die in vitro Replikation mit HeLa-Zellextrakten ist zellzyklusabhängig 51
Abb. 11 CyclinA ist essentiell für die in vitro Replikation in Extrakten aus G1/S-Phase synchronisierten HeLa-Zellen 53
Abb. 12 Proteine des pre-RCs binden an immobilisierte Plasmide 56
Abb. 13 ATP stimuliert die Bindung von Mcm3 und Mcm7 an immobilisierte Plasmide 58
Abb. 14 DNA-gebundenes Cdc6 wird ATP-abhängig phosphoryliert 60
Abb. 15 Cdc6 wird an den fünf N-terminalen Phosphorylierungsstellen phosphoryliert 62
Abb. 16 HsOrc6 stimuliert die Bindung von HsCdc6 an DNA 64
Abb. 17 Die Aminosäuren S72 und K76 vermitteln die DNA-Bindung bei HsOrc6 67
Abb. 18 Aufreinigung des HsOrc1-5-Komplexes aus Hi5-Insektenzellen 69
Abb. 19 DNA-Bindungseigenschaften von HsOrc1-5 und HsOrc6 71
Abb. 20 Modell zur sequentiellen Ausbildung und Aktivierung des pre-RCs 74
Abb. 21 Aufreinigung Cdc6-wt und Cdc6-5xMut 103
Abb. 22 Abgleich der Orc6-Aminosäuresequenzen 104
Abb. 23 HsOrc6-Sekundärstruktur Vorhersage 105
Abb. 24 Aufreinigung von HsOrc6-wt und HsOrc6-S72A-K76A 106

9 Literaturverzeichnis

Abdurashidova, G., Danailov, M.B., Ochem, A., Triolo, G., Djeliova, V., Radulescu, S., Vindigni, A., Riva, S. and Falaschi, A. (2003) Localization of proteins bound to a replication origin of human DNA along the cell cycle. *Embo J*, **22**, 4294-4303.

Adachi, Y., Usukura, J. and Yanagida, M. (1997) A globular complex formation by Nda1 and the other five members of the MCM protein family in fission yeast. *Genes Cells*, **2**, 467-479.

Alexandrow, M.G. and Hamlin, J.L. (2004) Cdc6 chromatin affinity is unaffected by serine-54 phosphorylation, S-phase progression, and overexpression of cyclin A. *Mol Cell Biol*, **24**, 1614-1627.

Alexiadis, V., Varga-Weisz, P.D., Bonte, E., Becker, P.B. and Gruss, C. (1998) In vitro chromatin remodelling by chromatin accessibility complex (CHRAC) at the SV40 origin of DNA replication. *Embo J*, **17**, 3428-3438.

Amon, A., Irniger, S. and Nasmyth, K. (1994) Closing the cell cycle circle in yeast: G2 cyclin proteolysis initiated at mitosis persists until the activation of G1 cyclins in the next cycle. *Cell*, **77**, 1037-1050.

Aparicio, O.M., Weinstein, D.M. and Bell, S.P. (1997) Components and dynamics of DNA replication complexes in S. cerevisiae: redistribution of MCM proteins and Cdc45p during S phase. *Cell*, **91**, 59-69.

Aparicio, T., Ibarra, A. and Mendez, J. (2006) Cdc45-MCM-GINS, a new power player for DNA replication. *Cell Div*, **1**, 18.

Arellano, M. and Moreno, S. (1997) Regulation of CDK/cyclin complexes during the cell cycle. *Int J Biochem Cell Biol*, **29**, 559-573.

Ariga, H. and Sugano, S. (1983) Initiation of simian virus 40 DNA replication in vitro. *J Virol*, **48**, 481-491.

Balasov, M., Huijbregts, R.P. and Chesnokov, I. (2007) Role of the Orc6 protein in origin recognition complex-dependent DNA binding and replication in Drosophila melanogaster. *Mol Cell Biol*, **27**, 3143-3153.

Baltin, J., Leist, S., Odronitz, F., Wollscheid, H.P., Baack, M., Kapitza, T., Schaarschmidt, D. and Knippers, R. (2006) DNA replication in protein extracts from human cells requires ORC and Mcm proteins. *J Biol Chem*, **281**, 12428-12435.

Beljelarskaya, S.N. (2002) A Baculovirus Expression System for Insect Cells. *Molecular Biology*, **36**, 281-292(212).

Bell, S.P. and Dutta, A. (2002) DNA replication in eukaryotic cells. *Annu Rev Biochem*, **71**, 333-374.

Bell, S.P., Mitchell, J., Leber, J., Kobayashi, R. and Stillman, B. (1995) The multidomain structure of Orc1p reveals similarity to regulators of DNA replication and transcriptional silencing. *Cell*, **83**, 563-568.

Bell, S.P. and Stillman, B. (1992) ATP-dependent recognition of eukaryotic origins of DNA replication by a multiprotein complex. *Nature*, **357**, 128-134.

Berberich, S., Trivedi, A., Daniel, D.C., Johnson, E.M. and Leffak, M. (1995) In vitro replication of plasmids containing human c-myc DNA. *J Mol Biol*, **245**, 92-109.

Birnboim, H.C. (1983) A rapid alkaline extraction method for the isolation of plasmid DNA. *Methods Enzymol*, **100**, 243-255.

Blow, J.J. and Laskey, R.A. (1986) Initiation of DNA replication in nuclei and purified DNA by a cell-free extract of Xenopus eggs. *Cell*, **47**, 577-587.

Blum, H., Beier, H. and Gross, H.J. (1987) Improved silver staining of plant proteins, RNA and DNA in polyacrylamide gels. *Electrophoresis*, **8**, 93-99.

Bochman, M.L. and Schwacha, A. (2008) The Mcm2-7 complex has in vitro helicase activity. *Mol Cell*, **31**, 287-293.

Bolon, Y.T. and Bielinsky, A.K. (2006) The spatial arrangement of ORC binding modules determines the functionality of replication origins in budding yeast. *Nucleic Acids Res*, **34**, 5069-5080.

Borowiec, J.A., Dean, F.B., Bullock, P.A. and Hurwitz, J. (1990) Binding and unwinding--how T antigen engages the SV40 origin of DNA replication. *Cell*, **60**, 181-184.

Bowers, J.L., Randell, J.C., Chen, S. and Bell, S.P. (2004) ATP hydrolysis by ORC catalyzes reiterative Mcm2-7 assembly at a defined origin of replication. *Mol Cell*, **16**, 967-978.

Bradford, M.M. (1976) A rapid and sensitive method for the quantitation of microgram quantities of protein utilizing the principle of protein-dye binding. *Anal Biochem*, **72**, 248-254.

Braguglia, D., Heun, P., Pasero, P., Duncker, B.P. and Gasser, S.M. (1998) Semi-conservative replication in yeast nuclear extracts requires Dna2 helicase and supercoiled template. *J Mol Biol*, **281**, 631-649.

Bramhall, S., Noack, N., Wu, M. and Loewenberg, J.R. (1969) A simple colorimetric method for determination of protein. *Anal Biochem*, **31**, 146-148.

Brewer, B.J. and Fangman, W.L. (1987) The localization of replication origins on ARS plasmids in S. cerevisiae. *Cell*, **51**, 463-471.

Caddle, M.S. and Calos, M.P. (1992) Analysis of the autonomous replication behavior in human cells of the dihydrofolate reductase putative chromosomal origin of replication. *Nucleic Acids Res*, **20**, 5971-5978.

Cao, T.V., Zaika, E., Hamlin, J.L. and Alexandrow, M.G. (2007) Replicons in mammalian cells contain multiple pre-replication complexes that are targeted by limiting amounts of Cdc45. *Eukaryotic DNA Replication and Genome Maintenance*, Cold Spring Harbor Laboratory, NY.

Cardoso, M.C., Leonhardt, H. and Nadal-Ginard, B. (1993) Reversal of terminal differentiation and control of DNA replication: cyclin A and Cdk2 specifically localize at subnuclear sites of DNA replication. *Cell*, **74**, 979-992.

Cheng, L. and Kelly, T.J. (1989) Transcriptional activator nuclear factor I stimulates the replication of SV40 minichromosomes in vivo and in vitro. *Cell*, **59**, 541-551.

Chesnokov, I., Remus, D. and Botchan, M. (2001) Functional analysis of mutant and wild-type Drosophila origin recognition complex. *Proc Natl Acad Sci U S A*, **98**, 11997-12002.

Chesnokov, I.N., Chesnokova, O.N. and Botchan, M. (2003) A cytokinetic function of Drosophila ORC6 protein resides in a domain distinct from its replication activity. *Proc Natl Acad Sci U S A*, **100**, 9150-9155.

Chong, J.P., Mahbubani, H.M., Khoo, C.Y. and Blow, J.J. (1995) Purification of an MCM-containing complex as a component of the DNA replication licensing system. *Nature*, **375**, 418-421.

Coleman, T.R., Carpenter, P.B. and Dunphy, W.G. (1996) The Xenopus Cdc6 protein is essential for the initiation of a single round of DNA replication in cell-free extracts. *Cell*, **87**, 53-63.

Cook, J.G., Chasse, D.A. and Nevins, J.R. (2004) The regulated association of Cdt1 with minichromosome maintenance proteins and Cdc6 in mammalian cells. *J Biol Chem*, **279**, 9625-9633.

Coverley, D. and Laskey, R.A. (1994) Regulation of eukaryotic DNA replication. *Annu Rev Biochem*, **63**, 745-776.

Coverley, D., Pelizon, C., Trewick, S. and Laskey, R.A. (2000) Chromatin-bound Cdc6 persists in S and G2 phases in human cells, while soluble Cdc6 is destroyed in a cyclin A-cdk2 dependent process. *J Cell Sci*, **113 (Pt 11)**, 1929-1938.

Crevel, G., Mathe, E. and Cotterill, S. (2005) The Drosophila Cdc6/18 protein has functions in both early and late S phase in S2 cells. *J Cell Sci*, **118**, 2451-2459.

Dalton, S. (1992) Cell cycle regulation of the human cdc2 gene. *Embo J*, **11**, 1797-1804.

De Clercq, A. and Inze, D. (2006) Cyclin-dependent kinase inhibitors in yeast, animals, and plants:

a functional comparison. *Crit Rev Biochem Mol Biol*, **41**, 293-313.

Decker, R.S., Yamaguchi, M., Possenti, R. and DePamphilis, M.L. (1986) Initiation of simian virus 40 DNA replication in vitro: aphidicolin causes accumulation of early-replicating intermediates and allows determination of the initial direction of DNA synthesis. *Mol Cell Biol*, **6**, 3815-3825.

Delmolino, L.M., Saha, P. and Dutta, A. (2001) Multiple mechanisms regulate subcellular localization of human CDC6. *J Biol Chem*, **276**, 26947-26954.

DePamphilis, M.L. (1993) Origins of DNA replication that function in eukaryotic cells. *Curr Opin Cell Biol*, **5**, 434-441.

DePamphilis, M.L. (1999) Replication origins in metazoan chromosomes: fact or fiction? *Bioessays*, **21**, 5-16.

DeRyckere, D., Smith, C.L. and Martin, G.S. (1999) The role of nucleotide binding and hydrolysis in the function of the fission yeast cdc18(+) gene product. *Genetics*, **151**, 1445-1457.

Devault, A., Vallen, E.A., Yuan, T., Green, S., Bensimon, A. and Schwob, E. (2002) Identification of Tah11/Sid2 as the ortholog of the replication licensing factor Cdt1 in Saccharomyces cerevisiae. *Curr Biol*, **12**, 689-694.

Dhar, S.K., Delmolino, L. and Dutta, A. (2001) Architecture of the human origin recognition complex. *J Biol Chem*, **276**, 29067-29071.

Dhar, S.K. and Dutta, A. (2000) Identification and characterization of the human ORC6 homolog. *J Biol Chem*, **275**, 34983-34988.

Diffley, J.F. and Cocker, J.H. (1992) Protein-DNA interactions at a yeast replication origin. *Nature*, **357**, 169-172.

Diffley, J.F., Cocker, J.H., Dowell, S.J., Harwood, J. and Rowley, A. (1995) Stepwise assembly of initiation complexes at budding yeast replication origins during the cell cycle. *J Cell Sci Suppl*, **19**, 67-72.

Diffley, J.F. and Stillman, B. (1988) Purification of a yeast protein that binds to origins of DNA replication and a transcriptional silencer. *Proc Natl Acad Sci U S A*, **85**, 2120-2124.

Donovan, S., Harwood, J., Drury, L.S. and Diffley, J.F. (1997) Cdc6p-dependent loading of Mcm proteins onto pre-replicative chromatin in budding yeast. *Proc Natl Acad Sci U S A*, **94**, 5611-5616.

Eward, K.L., Obermann, E.C., Shreeram, S., Loddo, M., Fanshawe, T., Williams, C., Jung, H.I., Prevost, A.T., Blow, J.J., Stoeber, K. and Williams, G.H. (2004) DNA replication licensing in somatic and germ cells. *J Cell Sci*, **117**, 5875-5886.

Fairman, M.P. and Stillman, B. (1988) Cellular factors required for multiple stages of SV40 DNA replication in vitro. *Embo J*, **7**, 1211-1218.

Feng, L., Wang, B., Driscoll, B. and Jong, A. (2000) Identification and characterization of Saccharomyces cerevisiae Cdc6 DNA-binding properties. *Mol Biol Cell*, **11**, 1673-1685.

Fitzgerald, D.J., Berger, P., Schaffitzel, C., Yamada, K., Richmond, T.J. and Berger, I. (2006) Protein complex expression by using multigene baculoviral vectors. *Nat Methods*, **3**, 1021-1032.

Fletcher, R.J., Bishop, B.E., Leon, R.P., Sclafani, R.A., Ogata, C.M. and Chen, X.S. (2003) The structure and function of MCM from archaeal M. Thermoautotrophicum. *Nat Struct Biol*, **10**, 160-167.

Forsburg, S.L. (2004) Eukaryotic MCM proteins: beyond replication initiation. *Microbiol Mol Biol Rev*, **68**, 109-131.

Fujita, M. (1999) Cell cycle regulation of DNA replication initiation proteins in mammalian cells. *Front Biosci*, **4**, D816-823.

Fujita, M., Ishimi, Y., Nakamura, H., Kiyono, T. and Tsurumi, T. (2002) Nuclear organization of DNA replication initiation proteins in mammalian cells. *J Biol Chem*, **277**, 10354-10361.

Gambus, A., Jones, R.C., Sanchez-Diaz, A., Kanemaki, M., van Deursen, F., Edmondson, R.D. and

Labib, K. (2006) GINS maintains association of Cdc45 with MCM in replisome progression complexes at eukaryotic DNA replication forks. *Nat Cell Biol*, **8**, 358-366.

Gerhardt, J., Jafar, S., Spindler, M.P., Ott, E. and Schepers, A. (2006) Identification of new human origins of DNA replication by an origin-trapping assay. *Mol Cell Biol*, **26**, 7731-7746.

Gilbert, D.M. (1998) Replication origins in yeast versus metazoa: separation of the haves and the have nots. *Curr Opin Genet Dev*, **8**, 194-199.

Gilbert, D.M. (2001) Making sense of eukaryotic DNA replication origins. *Science*, **294**, 96-100.

Gilbert, D.M., Miyazawa, H. and DePamphilis, M.L. (1995) Site-specific initiation of DNA replication in Xenopus egg extract requires nuclear structure. *Mol Cell Biol*, **15**, 2942-2954.

Gillespie, P.J., Li, A. and Blow, J.J. (2001) Reconstitution of licensed replication origins on Xenopus sperm nuclei using purified proteins. *BMC Biochem*, **2**, 15.

Giordano-Coltart, J., Ying, C.Y., Gautier, J. and Hurwitz, J. (2005) Studies of the properties of human origin recognition complex and its Walker A motif mutants. *Proc Natl Acad Sci U S A*, **102**, 69-74.

Goscin, L.P. and Byrnes, J.J. (1982) DNA polymerase delta: one polypeptide, two activities. *Biochemistry*, **21**, 2513-2518.

Goulian, M., Richards, S.H., Heard, C.J. and Bigsby, B.M. (1990) Discontinuous DNA synthesis by purified mammalian proteins. *J Biol Chem*, **265**, 18461-18471.

Gruss, C. (1999) In vitro replication of chromatin templates. *Methods Mol Biol*, **119**, 291-302.

Gruss, C., Wu, J., Koller, T. and Sogo, J.M. (1993) Disruption of the nucleosomes at the replication fork. *Embo J*, **12**, 4533-4545.

Halmer, L. and Gruss, C. (1997) Accessibility to topoisomerases I and II regulates the replication efficiency of simian virus 40 minichromosomes. *Mol Cell Biol*, **17**, 2624-2630.

Halmer, L., Vestner, B. and Gruss, C. (1998) Involvement of topoisomerases in the initiation of simian virus 40 minichromosome replication. *J Biol Chem*, **273**, 34792-34798.

Hanahan, D. (1985) *Techniques for transformation of E. coli*, Oxford.

Harlow, E. and Lane, D. (1988) *Antibodies: A Laboratory Manual*. New York: Cold Spring Harbor Laboratory Press.

Harvey, K.J. and Newport, J. (2003a) CpG methylation of DNA restricts prereplication complex assembly in Xenopus egg extracts. *Mol Cell Biol*, **23**, 6769-6779.

Harvey, K.J. and Newport, J. (2003b) Metazoan origin selection: origin recognition complex chromatin binding is regulated by CDC6 recruitment and ATP hydrolysis. *J Biol Chem*, **278**, 48524-48528.

Herbig, U., Griffith, J.W. and Fanning, E. (2000) Mutation of cyclin/cdk phosphorylation sites in HsCdc6 disrupts a late step in initiation of DNA replication in human cells. *Mol Biol Cell*, **11**, 4117-4130.

Herbig, U., Marlar, C.A. and Fanning, E. (1999) The Cdc6 nucleotide-binding site regulates its activity in DNA replication in human cells. *Mol Biol Cell*, **10**, 2631-2645.

Hertel, C.B., Langst, G., Horz, W. and Korber, P. (2005) Nucleosome stability at the yeast PHO5 and PHO8 promoters correlates with differential cofactor requirements for chromatin opening. *Mol Cell Biol*, **25**, 10755-10767.

Hoang, M.L., Leon, R.P., Pessoa-Brandao, L., Hunt, S., Raghuraman, M.K., Fangman, W.L., Brewer, B.J. and Sclafani, R.A. (2007) Structural changes in Mcm5 protein bypass Cdc7-Dbf4 function and reduce replication origin efficiency in Saccharomyces cerevisiae. *Mol Cell Biol*, **27**, 7594-7602.

Hodgson, B., Li, A., Tada, S. and Blow, J.J. (2002) Geminin becomes activated as an inhibitor of Cdt1/RLF-B following nuclear import. *Curr Biol*, **12**, 678-683.

Hofmann, J.F. and Beach, D. (1994) cdt1 is an essential target of the Cdc10/Sct1 transcription factor: requirement for DNA replication and inhibition of mitosis. *Embo J*, **13**, 425-434.

Howard, A. and Pelc, S.R. (1953) Synthesis of DNA in normal and irradiated cells and its relation to chromosome breakage. *Heredity Suppl.*, **6**, 261-273.

Hua, X.H. and Newport, J. (1998) Identification of a preinitiation step in DNA replication that is independent of origin recognition complex and cdc6, but dependent on cdk2. *J Cell Biol*, **140**, 271-281.

Huberman, J.A. (1981) New views of the biochemistry of eucaryotic DNA replication revealed by aphidicolin, an unusual inhibitor of DNA polymerase alpha. *Cell*, **23**, 647-648.

Huberman, J.A. and Riggs, A.D. (1968) On the mechanism of DNA replication in mammalian chromosomes. *J Mol Biol*, **32**, 327-341.

Hyrien, O., Marheineke, K. and Goldar, A. (2003) Paradoxes of eukaryotic DNA replication: MCM proteins and the random completion problem. *Bioessays*, **25**, 116-125.

Hyrien, O. and Mechali, M. (1992) Plasmid replication in Xenopus eggs and egg extracts: a 2D gel electrophoretic analysis. *Nucleic Acids Res*, **20**, 1463-1469.

Ikegami, S., Taguchi, T., Ohashi, M., Oguro, M., Nagano, H. and Mano, Y. (1978) Aphidicolin prevents mitotic cell division by interfering with the activity of DNA polymerase-alpha. *Nature*, **275**, 458-460.

Ishimi, Y. (1992) Preincubation of T antigen with DNA overcomes repression of SV40 DNA replication by nucleosome assembly. *J Biol Chem*, **267**, 10910-10913.

Ishimi, Y., Claude, A., Bullock, P. and Hurwitz, J. (1988) Complete enzymatic synthesis of DNA containing the SV40 origin of replication. *J Biol Chem*, **263**, 19723-19733.

Jacob, F. and Brenner, S. (1963) [On the regulation of DNA synthesis in bacteria: the hypothesis of the replicon.]. *C R Hebd Seances Acad Sci*, **256**, 298-300.

Jiang, W., Wells, N.J. and Hunter, T. (1999) Multistep regulation of DNA replication by Cdk phosphorylation of HsCdc6. *Proc Natl Acad Sci U S A*, **96**, 6193-6198.

Kaplan, D.L., Davey, M.J. and O'Donnell, M. (2003) Mcm4,6,7 uses a "pump in ring" mechanism to unwind DNA by steric exclusion and actively translocate along a duplex. *J Biol Chem*, **278**, 49171-49182.

Kaplan, D.L. and O'Donnell, M. (2004) Twin DNA pumps of a hexameric helicase provide power to simultaneously melt two duplexes. *Mol Cell*, **15**, 453-465.

Kelly, T.J. and Brown, G.W. (2000) Regulation of chromosome replication. *Annu Rev Biochem*, **69**, 829-880.

Koonin, E.V. (1993) A common set of conserved motifs in a vast variety of putative nucleic acid-dependent ATPases including MCM proteins involved in the initiation of eukaryotic DNA replication. *Nucleic Acids Res*, **21**, 2541-2547.

Kreitz, S., Ritzi, M., Baack, M. and Knippers, R. (2001) The human origin recognition complex protein 1 dissociates from chromatin during S phase in HeLa cells. *J Biol Chem*, **276**, 6337-6342.

Krude, T. (2000) Initiation of human DNA replication in vitro using nuclei from cells arrested at an initiation-competent state. *J Biol Chem*, **275**, 13699-13707.

Krude, T., Jackman, M., Pines, J. and Laskey, R.A. (1997) Cyclin/Cdk-dependent initiation of DNA replication in a human cell-free system. *Cell*, **88**, 109-119.

Krysan, P.J., Smith, J.G. and Calos, M.P. (1993) Autonomous replication in human cells of multimers of specific human and bacterial DNA sequences. *Mol Cell Biol*, **13**, 2688-2696.

Kubota, Y., Mimura, S., Nishimoto, S., Masuda, T., Nojima, H. and Takisawa, H. (1997) Licensing of DNA replication by a multi-protein complex of MCM/P1 proteins in Xenopus eggs. *Embo J*, **16**, 3320-3331.

Kukimoto, I., Igaki, H. and Kanda, T. (1999) Human CDC45 protein binds to minichromosome maintenance 7 protein and the p70 subunit of DNA polymerase alpha. *Eur J Biochem*, **265**, 936-943.

Labib, K., Tercero, J.A. and Diffley, J.F. (2000) Uninterrupted MCM2-7 function required for DNA replication fork progression. *Science*, **288**, 1643-1647.

Laemmli, U.K. (1970) Cleavage of structural proteins during the assembly of the head of bacteriophage T4. *Nature*, **227**, 680-685.
Laskey, R.A. and Madine, M.A. (2003) A rotary pumping model for helicase function of MCM proteins at a distance from replication forks. *EMBO Rep*, **4**, 26-30.
Lee, D.G. and Bell, S.P. (1997) Architecture of the yeast origin recognition complex bound to origins of DNA replication. *Mol Cell Biol*, **17**, 7159-7168.
Lee, M.Y., Tan, C.K., Downey, K.M. and So, A.G. (1981) Structural and functional properties of calf thymus DNA polymerase delta. *Prog Nucleic Acid Res Mol Biol*, **26**, 83-96.
Lei, M. and Tye, B.K. (2001) Initiating DNA synthesis: from recruiting to activating the MCM complex. *J Cell Sci*, **114**, 1447-1454.
Leone, G., DeGregori, J., Jakoi, L., Cook, J.G. and Nevins, J.R. (1999) Collaborative role of E2F transcriptional activity and G1 cyclindependent kinase activity in the induction of S phase. *Proc Natl Acad Sci U S A*, **96**, 6626-6631.
Li, C.J. and DePamphilis, M.L. (2002) Mammalian Orc1 protein is selectively released from chromatin and ubiquitinated during the S-to-M transition in the cell division cycle. *Mol Cell Biol*, **22**, 105-116.
Li, J.J. and Herskowitz, I. (1993) Isolation of ORC6, a component of the yeast origin recognition complex by a one-hybrid system. *Science*, **262**, 1870-1874.
Li, J.J. and Kelly, T.J. (1984) Simian virus 40 DNA replication in vitro. *Proc Natl Acad Sci U S A*, **81**, 6973-6977.
Liang, C. and Stillman, B. (1997) Persistent initiation of DNA replication and chromatin-bound MCM proteins during the cell cycle in cdc6 mutants. *Genes Dev*, **11**, 3375-3386.
Liu, J., Smith, C.L., DeRyckere, D., DeAngelis, K., Martin, G.S. and Berger, J.M. (2000) Structure and function of Cdc6/Cdc18: implications for origin recognition and checkpoint control. *Mol Cell*, **6**, 637-648.
Luo, K.Q., Elsasser, S., Chang, D.C. and Campbell, J.L. (2003) Regulation of the localization and stability of Cdc6 in living yeast cells. *Biochem Biophys Res Commun*, **306**, 851-859.
Mahbubani, H.M., Paull, T., Elder, J.K. and Blow, J.J. (1992) DNA replication initiates at multiple sites on plasmid DNA in Xenopus egg extracts. *Nucleic Acids Res*, **20**, 1457-1462.
Mailand, N. and Diffley, J.F. (2005) CDKs promote DNA replication origin licensing in human cells by protecting Cdc6 from APC/C-dependent proteolysis. *Cell*, **122**, 915-926.
Maiorano, D., Cuvier, O., Danis, E. and Mechali, M. (2005) MCM8 is an MCM2-7-related protein that functions as a DNA helicase during replication elongation and not initiation. *Cell*, **120**, 315-328.
Maiorano, D., Lemaitre, J.M. and Mechali, M. (2000a) Stepwise regulated chromatin assembly of MCM2-7 proteins. *J Biol Chem*, **275**, 8426-8431.
Maiorano, D., Moreau, J. and Mechali, M. (2000b) XCDT1 is required for the assembly of pre-replicative complexes in Xenopus laevis. *Nature*, **404**, 622-625.
Makise, M., Takenaka, H., Kuwae, W., Takahashi, N., Tsuchiya, T. and Mizushima, T. (2003) Kinetics of ATP binding to the origin recognition complex of Saccharomyces cerevisiae. *J Biol Chem*, **278**, 46440-46445.
Marahrens, Y. and Stillman, B. (1992) A yeast chromosomal origin of DNA replication defined by multiple functional elements. *Science*, **255**, 817-823.
Masai, H., You, Z. and Arai, K. (2005) Control of DNA replication: regulation and activation of eukaryotic replicative helicase, MCM. *IUBMB Life*, **57**, 323-335.
Matheos, D., Ruiz, M.T., Price, G.B. and Zannis-Hadjopoulos, M. (2002) Ku antigen, an origin-specific binding protein that associates with replication proteins, is required for mammalian DNA replication. *Biochim Biophys Acta*, **1578**, 59-72.
Matsuno, K., Kumano, M., Kubota, Y., Hashimoto, Y. and Takisawa, H. (2006) The N-terminal noncatalytic region of Xenopus RecQ4 is required for chromatin binding of DNA

polymerase alpha in the initiation of DNA replication. *Mol Cell Biol*, **26**, 4843-4852.

McGarry, T.J. and Kirschner, M.W. (1998) Geminin, an inhibitor of DNA replication, is degraded during mitosis. *Cell*, **93**, 1043-1053.

Mechali, M. (2001) DNA replication origins: from sequence specificity to epigenetics. *Nat Rev Genet*, **2**, 640-645.

Mendez, J. and Stillman, B. (2000) Chromatin association of human origin recognition complex, cdc6, and minichromosome maintenance proteins during the cell cycle: assembly of prereplication complexes in late mitosis. *Mol Cell Biol*, **20**, 8602-8612.

Mendez, J. and Stillman, B. (2003) Perpetuating the double helix: molecular machines at eukaryotic DNA replication origins. *Bioessays*, **25**, 1158-1167.

Meselson, M. and Stahl, F.W. (1958) The replication of DNA. *Cold Spring Harb Symp Quant Biol*, **23**, 9-12.

Minden, J.S. and Marians, K.J. (1986) Escherichia coli topoisomerase I can segregate replicating pBR322 daughter DNA molecules in vitro. *J Biol Chem*, **261**, 11906-11917.

Morrison, A., Araki, H., Clark, A.B., Hamatake, R.K. and Sugino, A. (1990) A third essential DNA polymerase in S. cerevisiae. *Cell*, **62**, 1143-1151.

Moyer, S.E., Lewis, P.W. and Botchan, M.R. (2006) Isolation of the Cdc45/Mcm2-7/GINS (CMG) complex, a candidate for the eukaryotic DNA replication fork helicase. *Proc Natl Acad Sci U S A*, **103**, 10236-10241.

Muzi-Falconi, M. and Kelly, T.J. (1995) Orp1, a member of the Cdc18/Cdc6 family of S-phase regulators, is homologous to a component of the origin recognition complex. *Proc Natl Acad Sci U S A*, **92**, 12475-12479.

Nasmyth, K. (1993) Control of the yeast cell cycle by the Cdc28 protein kinase. *Curr Opin Cell Biol*, **5**, 166-179.

Neuwald, A.F., Aravind, L., Spouge, J.L. and Koonin, E.V. (1999) AAA+: A class of chaperone-like ATPases associated with the assembly, operation, and disassembly of protein complexes. *Genome Res*, **9**, 27-43.

Nevins, J.R., Leone, G., DeGregori, J. and Jakoi, L. (1997) Role of the Rb/E2F pathway in cell growth control. *J Cell Physiol*, **173**, 233-236.

Newlon, C.S. (1996) *DNA replication in eukaryotic cells*. Cold Spring Harbor Laboratory Press, Plainview, New York.

Newport, J. (1987) Nuclear reconstitution in vitro: stages of assembly around protein-free DNA. *Cell*, **48**, 205-217.

Nguyen, V.Q., Co, C. and Li, J.J. (2001) Cyclin-dependent kinases prevent DNA re-replication through multiple mechanisms. *Nature*, **411**, 1068-1073.

Nick McElhinny, S.A., Gordenin, D.A., Stith, C.M., Burgers, P.M. and Kunkel, T.A. (2008) Division of labor at the eukaryotic replication fork. *Mol Cell*, **30**, 137-144.

Nigg, E.A. (1995) Cyclin-dependent protein kinases: key regulators of the eukaryotic cell cycle. *Bioessays*, **17**, 471-480.

Nishitani, H., Lygerou, Z., Nishimoto, T. and Nurse, P. (2000) The Cdt1 protein is required to license DNA for replication in fission yeast. *Nature*, **404**, 625-628.

Nurse, P. (1990) Universal control mechanism regulating onset of M-phase. *Nature*, **344**, 503-508.

Nurse, P. (1994) Ordering S phase and M phase in the cell cycle. *Cell*, **79**, 547-550.

Odronitz, F. (2004) Establishment and Characterisation of an in vitro Replication system with Human Cell Extracts. *Diplomarbeit*. Universität Konstanz.

Ohta, S., Tatsumi, Y., Fujita, M., Tsurimoto, T. and Obuse, C. (2003) The ORC1 cycle in human cells: II. Dynamic changes in the human ORC complex during the cell cycle. *J Biol Chem*, **278**, 41535-41540.

Ohtani, K., DeGregori, J., Leone, G., Herendeen, D.R., Kelly, T.J. and Nevins, J.R. (1996) Expression of the HsOrc1 gene, a human ORC1 homolog, is regulated by cell proliferation

via the E2F transcription factor. *Mol Cell Biol*, **16**, 6977-6984.
Ohtani, K., Tsujimoto, A., Ikeda, M. and Nakamura, M. (1998) Regulation of cell growth-dependent expression of mammalian CDC6 gene by the cell cycle transcription factor E2F. *Oncogene*, **17**, 1777-1785.
Okuno, Y., McNairn, A.J., den Elzen, N., Pines, J. and Gilbert, D.M. (2001) Stability, chromatin association and functional activity of mammalian pre-replication complex proteins during the cell cycle. *Embo J*, **20**, 4263-4277.
Pacek, M. and Walter, J.C. (2004) A requirement for MCM7 and Cdc45 in chromosome unwinding during eukaryotic DNA replication. *Embo J*, **23**, 3667-3676.
Pasero, P., Braguglia, D. and Gasser, S.M. (1997) ORC-dependent and origin-specific initiation of DNA replication at defined foci in isolated yeast nuclei. *Genes Dev*, **11**, 1504-1518.
Pasero, P., Duncker, B.P., Schwob, E. and Gasser, S.M. (1999) A role for the Cdc7 kinase regulatory subunit Dbf4p in the formation of initiation-competent origins of replication. *Genes Dev*, **13**, 2159-2176.
Pasero, P. and Gasser, S.M. (1998) New systems for replicating DNA in vitro. *Curr Opin Cell Biol*, **10**, 304-310.
Pearson, C.E., Frappier, L. and Zannis-Hadjopoulos, M. (1991) Plasmids bearing mammalian DNA-replication origin-enriched (ors) fragments initiate semiconservative replication in a cell-free system. *Biochim Biophys Acta*, **1090**, 156-166.
Pedrali-Noy, G., Belvedere, M., Crepaldi, T., Focher, F. and Spadari, S. (1982) Inhibition of DNA replication and growth of several human and murine neoplastic cells by aphidicolin without detectable effect upon synthesis of immunoglobulins and HLA antigens. *Cancer Res*, **42**, 3810-3813.
Peeper, D.S., Parker, L.L., Ewen, M.E., Toebes, M., Hall, F.L., Xu, M., Zantema, A., van der Eb, A.J. and Piwnica-Worms, H. (1993) A- and B-type cyclins differentially modulate substrate specificity of cyclin-cdk complexes. *Embo J*, **12**, 1947-1954.
Pelizon, C., Madine, M.A., Romanowski, P. and Laskey, R.A. (2000) Unphosphorylatable mutants of Cdc6 disrupt its nuclear export but still support DNA replication once per cell cycle. *Genes Dev*, **14**, 2526-2533.
Perkins, G. and Diffley, J.F. (1998) Nucleotide-dependent prereplicative complex assembly by Cdc6p, a homolog of eukaryotic and prokaryotic clamp-loaders. *Mol Cell*, **2**, 23-32.
Peter, M. and Herskowitz, I. (1994) Joining the complex: cyclin-dependent kinase inhibitory proteins and the cell cycle. *Cell*, **79**, 181-184.
Petersen, B.O., Lukas, J., Sorensen, C.S., Bartek, J. and Helin, K. (1999) Phosphorylation of mammalian CDC6 by cyclin A/CDK2 regulates its subcellular localization. *Embo J*, **18**, 396-410.
Petersen, B.O., Wagener, C., Marinoni, F., Kramer, E.R., Melixetian, M., Lazzerini Denchi, E., Gieffers, C., Matteucci, C., Peters, J.M. and Helin, K. (2000) Cell cycle- and cell growth-regulated proteolysis of mammalian CDC6 is dependent on APC-CDH1. *Genes Dev*, **14**, 2330-2343.
Prasanth, S.G., Prasanth, K.V. and Stillman, B. (2002) Orc6 involved in DNA replication, chromosome segregation, and cytokinesis. *Science*, **297**, 1026-1031.
Prelich, G., Tan, C.K., Kostura, M., Mathews, M.B., So, A.G., Downey, K.M. and Stillman, B. (1987) Functional identity of proliferating cell nuclear antigen and a DNA polymerase-delta auxiliary protein. *Nature*, **326**, 517-520.
Puck, T.T. and Marcus, P.I. (1955) A Rapid Method For Viable Cell Titration And Clone Production With Hela Cells In Tissue Culture: The Use Of X-Irradiated Cells To Supply Conditioning Factors. *Proc Natl Acad Sci U S A*, **41**, 432-437.
Randell, J.C., Bowers, J.L., Rodriguez, H.K. and Bell, S.P. (2006) Sequential ATP hydrolysis by Cdc6 and ORC directs loading of the Mcm2-7 helicase. *Mol Cell*, **21**, 29-39.

Ranjan, A. and Gossen, M. (2006) A structural role for ATP in the formation and stability of the human origin recognition complex. *Proc Natl Acad Sci U S A*, **103**, 4864-4869.

Rao, H. and Stillman, B. (1995) The origin recognition complex interacts with a bipartite DNA binding site within yeast replicators. *Proc Natl Acad Sci U S A*, **92**, 2224-2228.

Rao, P.N. and Johnson, R.T. (1970) Mammalian cell fusion: studies on the regulation of DNA synthesis and mitosis. *Nature*, **225**, 159-164.

Remus, D., Beall, E.L. and Botchan, M.R. (2004) DNA topology, not DNA sequence, is a critical determinant for Drosophila ORC-DNA binding. *Embo J*, **23**, 897-907.

Ritzi, M., Baack, M., Musahl, C., Romanowski, P., Laskey, R.A. and Knippers, R. (1998) Human minichromosome maintenance proteins and human origin recognition complex 2 protein on chromatin. *J Biol Chem*, **273**, 24543-24549.

Ritzi, M. and Knippers, R. (2000) Initiation of genome replication: assembly and disassembly of replication-competent chromatin. *Gene*, **245**, 13-20.

Ritzi, M., Tillack, K., Gerhardt, J., Ott, E., Humme, S., Kremmer, E., Hammerschmidt, W. and Schepers, A. (2003) Complex protein-DNA dynamics at the latent origin of DNA replication of Epstein-Barr virus. *J Cell Sci*, **116**, 3971-3984.

Robinson, N.P. and Bell, S.D. (2005) Origins of DNA replication in the three domains of life. *Febs J*, **272**, 3757-3766.

Romanowski, P., Madine, M.A., Rowles, A., Blow, J.J. and Laskey, R.A. (1996) The Xenopus origin recognition complex is essential for DNA replication and MCM binding to chromatin. *Curr Biol*, **6**, 1416-1425.

Rowles, A., Chong, J.P., Brown, L., Howell, M., Evan, G.I. and Blow, J.J. (1996) Interaction between the origin recognition complex and the replication licensing system in Xenopus. *Cell*, **87**, 287-296.

Rowles, A., Tada, S. and Blow, J.J. (1999) Changes in association of the Xenopus origin recognition complex with chromatin on licensing of replication origins. *J Cell Sci*, **112 (Pt 12)**, 2011-2018.

Rowley, A., Cocker, J.H., Harwood, J. and Diffley, J.F. (1995) Initiation complex assembly at budding yeast replication origins begins with the recognition of a bipartite sequence by limiting amounts of the initiator, ORC. *Embo J*, **14**, 2631-2641.

Rowley, A., Dowell, S.J. and Diffley, J.F. (1994) Recent developments in the initiation of chromosomal DNA replication: a complex picture emerges. *Biochim Biophys Acta*, **1217**, 239-256.

Saha, P., Chen, J., Thome, K.C., Lawlis, S.J., Hou, Z.H., Hendricks, M., Parvin, J.D. and Dutta, A. (1998) Human CDC6/Cdc18 associates with Orc1 and cyclin-cdk and is selectively eliminated from the nucleus at the onset of S phase. *Mol Cell Biol*, **18**, 2758-2767.

Sambrook, J. and Russell, D. (2001) *Molecular Cloning: A Laboratory Manual. Third Edition.*

Sanchez, J.A., Marek, D. and Wangh, L.J. (1992) The efficiency and timing of plasmid DNA replication in Xenopus eggs: correlations to the extent of prior chromatin assembly. *J Cell Sci*, **103 (Pt 4)**, 907-918.

Sangrithi, M.N., Bernal, J.A., Madine, M., Philpott, A., Lee, J., Dunphy, W.G. and Venkitaraman, A.R. (2005) Initiation of DNA replication requires the RECQL4 protein mutated in Rothmund-Thomson syndrome. *Cell*, **121**, 887-898.

Sato, M., Gotow, T., You, Z., Komamura-Kohno, Y., Uchiyama, Y., Yabuta, N., Nojima, H. and Ishimi, Y. (2000) Electron microscopic observation and single-stranded DNA binding activity of the Mcm4,6,7 complex. *J Mol Biol*, **300**, 421-431.

Schaarschmidt, D., Baltin, J., Stehle, I.M., Lipps, H.J. and Knippers, R. (2004) An episomal mammalian replicon: sequence-independent binding of the origin recognition complex. *Embo J*, **23**, 191-201.

Schaarschmidt, D., Ladenburger, E.M., Keller, C. and Knippers, R. (2002) Human Mcm proteins at a replication origin during the G1 to S phase transition. *Nucleic Acids Res*, **30**, 4176-4185.

Schmidt, U., Wollmann, Y., Franke, C., Grosse, F., Saluz, H.P. and Hanel, F. (2008) Characterization of the interaction between the human DNA topoisomerase IIbeta-binding protein 1 (TopBP1) and the cell division cycle 45 (Cdc45) protein. *Biochem J*, **409**, 169-177.

Seki, T. and Diffley, J.F. (2000) Stepwise assembly of initiation proteins at budding yeast replication origins in vitro. *Proc Natl Acad Sci U S A*, **97**, 14115-14120.

Semple, J.W., Da-Silva, L.F., Jervis, E.J., Ah-Kee, J., Al-Attar, H., Kummer, L., Heikkila, J.J., Pasero, P. and Duncker, B.P. (2006) An essential role for Orc6 in DNA replication through maintenance of pre-replicative complexes. *Embo J*, **25**, 5150-5158.

Shechter, D., Ying, C.Y. and Gautier, J. (2004) DNA unwinding is an Mcm complex-dependent and ATP hydrolysis-dependent process. *J Biol Chem*, **279**, 45586-45593.

Sherr, C.J. and Roberts, J.M. (1999) CDK inhibitors: positive and negative regulators of G1-phase progression. *Genes Dev*, **13**, 1501-1512.

Sheu, Y.J. and Stillman, B. (2006) Cdc7-Dbf4 phosphorylates MCM proteins via a docking site-mediated mechanism to promote S phase progression. *Mol Cell*, **24**, 101-113.

Siddiqui, K. and Stillman, B. (2007) ATP-dependent assembly of the human origin recognition complex. *J Biol Chem*, **282**, 32370-32383.

Smith, S. and Stillman, B. (1989) Purification and characterization of CAF-I, a human cell factor required for chromatin assembly during DNA replication in vitro. *Cell*, **58**, 15-25.

Speck, C., Chen, Z., Li, H. and Stillman, B. (2005) ATPase-dependent cooperative binding of ORC and Cdc6 to origin DNA. *Nat Struct Mol Biol*, **12**, 965-971.

Speck, C. and Stillman, B. (2007) Cdc6 ATPase activity regulates ORC x Cdc6 stability and the selection of specific DNA sequences as origins of DNA replication. *J Biol Chem*, **282**, 11705-11714.

Stahl, H., Droge, P. and Knippers, R. (1986) DNA helicase activity of SV40 large tumor antigen. *Embo J*, **5**, 1939-1944.

Stahl, H., Droge, P., Zentgraf, H. and Knippers, R. (1985) A large-tumor-antigen-specific monoclonal antibody inhibits DNA replication of simian virus 40 minichromosomes in an in vitro elongation system. *J Virol*, **54**, 473-482.

Stillman, B. (1989) Initiation of eukaryotic DNA replication in vitro. *Annu Rev Cell Biol*, **5**, 197-245.

Stillman, B. (1992) Initiation of chromosome replication in eukaryotic cells. *Harvey Lect*, **88**, 115-140.

Stillman, B. (1996) Cell cycle control of DNA replication. *Science*, **274**, 1659-1664.

Stillman, B.W. and Gluzman, Y. (1985) Replication and supercoiling of simian virus 40 DNA in cell extracts from human cells. *Mol Cell Biol*, **5**, 2051-2060.

Stinchcomb, D.T., Struhl, K. and Davis, R.W. (1979) Isolation and characterisation of a yeast chromosomal replicator. *Nature*, **282**, 39-43.

Tada, S., Li, A., Maiorano, D., Mechali, M. and Blow, J.J. (2001) Repression of origin assembly in metaphase depends on inhibition of RLF-B/Cdt1 by geminin. *Nat Cell Biol*, **3**, 107-113.

Takahashi, T.S., Wigley, D.B. and Walter, J.C. (2005) Pumps, paradoxes and ploughshares: mechanism of the MCM2-7 DNA helicase. *Trends Biochem Sci*.

Tanaka, S. and Diffley, J.F. (2002) Interdependent nuclear accumulation of budding yeast Cdt1 and Mcm2-7 during G1 phase. *Nat Cell Biol*, **4**, 198-207.

Tanaka, S., Umemori, T., Hirai, K., Muramatsu, S., Kamimura, Y. and Araki, H. (2007) CDK-dependent phosphorylation of Sld2 and Sld3 initiates DNA replication in budding yeast. *Nature*, **445**, 328-332.

Tanaka, T., Knapp, D. and Nasmyth, K. (1997) Loading of an Mcm protein onto DNA replication origins is regulated by Cdc6p and CDKs. *Cell*, **90**, 649-660.

Tatsumi, Y., Ohta, S., Kimura, H., Tsurimoto, T. and Obuse, C. (2003) The ORC1 cycle in human

cells: I. cell cycle-regulated oscillation of human ORC1. *J Biol Chem*, **278**, 41528-41534.
Thomae, A.W. (2007) Rolle des Chromatin-Proteins HMGA1a für die Definition von Replikationsursprüngen. *Dissertation*. Ludwig-Maximilians-Universität, München.
Thomae, A.W., Pich, D., Brocher, J., Spindler, M.P., Berens, C., Hock, R., Hammerschmidt, W. and Schepers, A. (2008) Interaction between HMGA1a and the origin recognition complex creates site-specific replication origins. *Proc Natl Acad Sci U S A*, **105**, 1692-1697.
Todorovic, V., Falaschi, A. and Giacca, M. (1999) Replication origins of mammalian chromosomes: the happy few. *Front Biosci*, **4**, D859-868.
Tsuji, T., Ficarro, S.B. and Jiang, W. (2006) Essential role of phosphorylation of MCM2 by Cdc7/Dbf4 in the initiation of DNA replication in mammalian cells. *Mol Biol Cell*, **17**, 4459-4472.
Tsurimoto, T., Fairman, M.P. and Stillman, B. (1989) Simian virus 40 DNA replication in vitro: identification of multiple stages of initiation. *Mol Cell Biol*, **9**, 3839-3849.
Tsurimoto, T. and Stillman, B. (1989) Purification of a cellular replication factor, RF-C, that is required for coordinated synthesis of leading and lagging strands during simian virus 40 DNA replication in vitro. *Mol Cell Biol*, **9**, 609-619.
Turchi, J.J. and Bambara, R.A. (1993) Completion of mammalian lagging strand DNA replication using purified proteins. *J Biol Chem*, **268**, 15136-15141.
Turchi, J.J., Huang, L., Murante, R.S., Kim, Y. and Bambara, R.A. (1994) Enzymatic completion of mammalian lagging-strand DNA replication. *Proc Natl Acad Sci U S A*, **91**, 9803-9807.
Tye, B.K. (1999a) MCM proteins in DNA replication. *Annu Rev Biochem*, **68**, 649-686.
Tye, B.K. (1999b) Minichromosome maintenance as a genetic assay for defects in DNA replication. *Methods*, **18**, 329-334.
Van Hatten, R.A., Tutter, A.V., Holway, A.H., Khederian, A.M., Walter, J.C. and Michael, W.M. (2002) The Xenopus Xmus101 protein is required for the recruitment of Cdc45 to origins of DNA replication. *J Cell Biol*, **159**, 541-547.
Vashee, S., Cvetic, C., Lu, W., Simancek, P., Kelly, T.J. and Walter, J.C. (2003) Sequence-independent DNA binding and replication initiation by the human origin recognition complex. *Genes Dev*, **17**, 1894-1908.
Vashee, S., Simancek, P., Challberg, M.D. and Kelly, T.J. (2001) Assembly of the human origin recognition complex. *J Biol Chem*, **276**, 26666-26673.
Vigo, E., Muller, H., Prosperini, E., Hateboer, G., Cartwright, P., Moroni, M.C. and Helin, K. (1999) CDC25A phosphatase is a target of E2F and is required for efficient E2F-induced S phase. *Mol Cell Biol*, **19**, 6379-6395.
Waga, S., Bauer, G. and Stillman, B. (1994) Reconstitution of complete SV40 DNA replication with purified replication factors. *J Biol Chem*, **269**, 10923-10934.
Waga, S. and Zembutsu, A. (2006) Dynamics of DNA binding of replication initiation proteins during de novo formation of pre-replicative complexes in Xenopus egg extracts. *J Biol Chem*, **281**, 10926-10934.
Walter, J. and Newport, J.W. (1997) Regulation of replicon size in Xenopus egg extracts. *Science*, **275**, 993-995.
Walter, J., Sun, L. and Newport, J. (1998) Regulated chromosomal DNA replication in the absence of a nucleus. *Mol Cell*, **1**, 519-529.
Watson, J.D. and Crick, F.H. (1953) Molecular structure of nucleic acids; a structure for deoxyribose nucleic acid. *Nature*, **171**, 737-738.
Weil, P.A., Luse, D.S., Segall, J. and Roeder, R.G. (1979) Selective and accurate initiation of transcription at the Ad2 major late promotor in a soluble system dependent on purified RNA polymerase II and DNA. *Cell*, **18**, 469-484.
Weinberg, D.H., Collins, K.L., Simancek, P., Russo, A., Wold, M.S., Virshup, D.M. and Kelly, T.J. (1990) Reconstitution of simian virus 40 DNA replication with purified proteins. *Proc Natl*

Acad Sci U S A, **87**, 8692-8696.
Weinberg, D.H. and Kelly, T.J. (1989) Requirement for two DNA polymerases in the replication of simian virus 40 DNA in vitro. *Proc Natl Acad Sci U S A*, **86**, 9742-9746.
Weinreich, M., Liang, C. and Stillman, B. (1999) The Cdc6p nucleotide-binding motif is required for loading mcm proteins onto chromatin. *Proc Natl Acad Sci U S A*, **96**, 441-446.
Whittaker, A.J., Royzman, I. and Orr-Weaver, T.L. (2000) Drosophila double parked: a conserved, essential replication protein that colocalizes with the origin recognition complex and links DNA replication with mitosis and the down-regulation of S phase transcripts. *Genes Dev*, **14**, 1765-1776.
Wobbe, C.R., Dean, F., Weissbach, L. and Hurwitz, J. (1985) In vitro replication of duplex circular DNA containing the simian virus 40 DNA origin site. *Proc Natl Acad Sci U S A*, **82**, 5710-5714.
Wohlschlegel, J.A., Dwyer, B.T., Dhar, S.K., Cvetic, C., Walter, J.C. and Dutta, A. (2000) Inhibition of eukaryotic DNA replication by geminin binding to Cdt1. *Science*, **290**, 2309-2312.
Wold, M.S. and Kelly, T. (1988) Purification and characterization of replication protein A, a cellular protein required for in vitro replication of simian virus 40 DNA. *Proc Natl Acad Sci U S A*, **85**, 2523-2527.
Wold, M.S., Weinberg, D.H., Virshup, D.M., Li, J.J. and Kelly, T.J. (1989) Identification of cellular proteins required for simian virus 40 DNA replication. *J Biol Chem*, **264**, 2801-2809.
Wu, J.R., Yu, G. and Gilbert, D.M. (1997) Origin-specific initiation of mammalian nuclear DNA replication in a Xenopus cell-free system. *Methods*, **13**, 313-324.
Yamamoto, R.R., Axton, J.M., Yamamoto, Y., Saunders, R.D., Glover, D.M. and Henderson, D.S. (2000) The Drosophila mus101 gene, which links DNA repair, replication and condensation of heterochromatin in mitosis, encodes a protein with seven BRCA1 C-terminus domains. *Genetics*, **156**, 711-721.
Yan, H., Merchant, A.M. and Tye, B.K. (1993) Cell cycle-regulated nuclear localization of MCM2 and MCM3, which are required for the initiation of DNA synthesis at chromosomal replication origins in yeast. *Genes Dev*, **7**, 2149-2160.
Yanagi, K., Mizuno, T., You, Z. and Hanaoka, F. (2002) Mouse geminin inhibits not only Cdt1-MCM6 interactions but also a novel intrinsic Cdt1 DNA binding activity. *J Biol Chem*, **277**, 40871-40880.
Yang, L., Wold, M.S., Li, J.J., Kelly, T.J. and Liu, L.F. (1987) Roles of DNA topoisomerases in simian virus 40 DNA replication in vitro. *Proc Natl Acad Sci U S A*, **84**, 950-954.
Yoshida, K. and Inoue, I. (2004) Regulation of Geminin and Cdt1 expression by E2F transcription factors. *Oncogene*, **23**, 3802-3812.
Yoshida, K., Takisawa, H. and Kubota, Y. (2005) Intrinsic nuclear import activity of geminin is essential to prevent re-initiation of DNA replication in Xenopus eggs. *Genes Cells*, **10**, 63-73.
Zannis-Hadjopoulos, M., Nielsen, T.O., Todd, A. and Price, G.B. (1994) Autonomous replication in vivo and in vitro of clones spanning the region of the DHFR origin of bidirectional replication (ori beta). *Gene*, **151**, 273-277.
Zegerman, P. and Diffley, J.F. (2007) Phosphorylation of Sld2 and Sld3 by cyclin-dependent kinases promotes DNA replication in budding yeast. *Nature*, **445**, 281-285.
Zembutsu, A. and Waga, S. (2006) De novo assembly of genuine replication forks on an immobilized circular plasmid in Xenopus egg extracts. *Nucleic Acids Res*, **34**, e91.

10 Anhang

10.1 Aufreinigung Cdc6-wt und Cdc6-5xMut

Cdc6-Wildtyp (Cdc6-wt) und eine nicht phosphorylierbare Cdc6-Mutante (Cdc6-5xMut) wurden mit Hilfe des eukaryotischen Baculovirus-Expressionssystem in Hi5-Inselzellen hergestellt und über eine GST-Fusion aufgereinigt (3.5.2). Nach der Infektion mit rekombinanten Baculoviren wurden die Chromatin-gebundenen Proteine aus den Hi5-Zellen extrahiert und über eine Glutathion-Sepharose 4 FAST Flow Säule aufgereinigt. Der Input, der Durchlauf, die Waschfraktionen und die Eluate wurden auf einem 10%igen PAA-Gel mittels Coomassiefärbung analysiert (Abb. 21). Die Fraktionen E2-E10 wurden vereinigt, über Nacht dialysiert und auf ein Volumen von 200µl eingeengt.

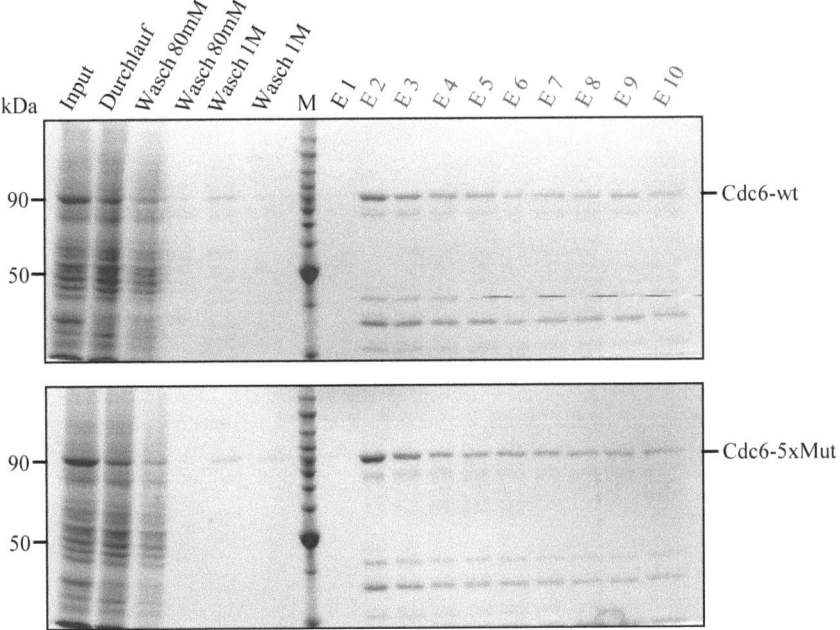

Abb. 21 Aufreinigung Cdc6-wt und Cdc6-5xMut
Hi 5-Zellen wurden mit rekombinanten Baculoviren infiziert und die Chromatin-gebundenen Proteine extrahiert (Input). Die Aufreinigung über Glutathion-Separose Säulen wurde mittels Coomassiefärbung in einem 10%igen PAA-Gel analysiert. Aufgetragen wurden der Input, das nicht an die Säule gebundene Material (Durchlauf), Fraktionen der Waschschritte (Wasch 80mM; Wasch 1M) und die Eluate (E1-E10).

10.2 Orc6-Sequenzvergleich und Vorhersage der Sekundärstruktur

Der Abgleich der Orc6-Aminosäuresequenzen von Mensch, Maus, Frosch und *Drosophila* wurde mit dem „ClustalW"-Programm angefertigt (http://www.ebi.ac.uk/Tools/ clustalw2/index.html) und graphisch mit dem Programm „Boxshade" (http://www.ch.embnet.org/software/BOX_form.html) bearbeitet (Abb. 22). Der Vergleich zeigt, dass die Proteine im N-terminalen Bereich hochkonserviert sind.

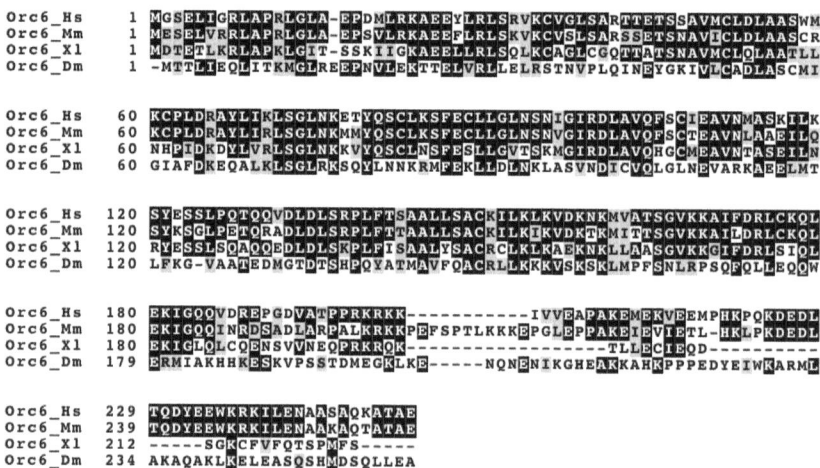

Abb. 22 Abgleich der Orc6-Aminosäuresequenzen

Gezeigt sind die Orc6-Aminosäuresequenzen von Mensch (Hs), Maus (Mm), Frosch (Xl) und *Drosophila* (Dm). Identische Bereiche sind schwarz schattiert. Konservierte Substitutionen sind grau schattiert.

Die HsOrc6-Sekundärstruktur wurde mit dem Programm PSIPRED (Protein Structure Prediction Server; http://bioinf.cs.ucl.ac.uk/psipred/psiform.html) vorhergesagt und ist in Abbildung 23 dargestellt.

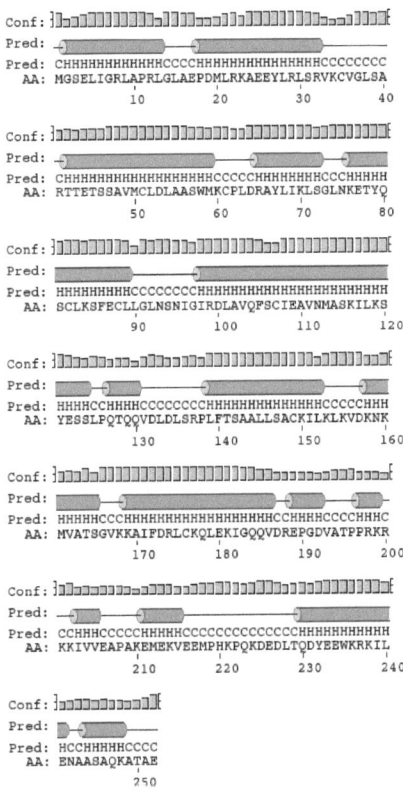

Abb. 23 HsOrc6-Sekundärstruktur Vorhersage

Dargestellt ist die Vorhersage des gesamten HsOrc6-Proteins. Pred.=Vorhersage; AA=Aminosäure; H=Helix.

10.3 Aufreinigung von HsOrc6-wt und HsOrc6-S72A-K76A

Das Orc6-wt Protein und die Orc6-Mutante (Orc6-S72A-K76A) wurden als 6xHis-Fusionsprotein bakteriell exprimiert und aufgereinigt (3.5.1). Die Proteinkonzentrationen der beiden Orc6-Aufreinigungen wurden mittels Bradford-Assay bestimmt und zur Kontrolle der Aufreinigungen wurden Verdünnungsreihen der beiden gereinigten Proteine mit einer BSA-Standardreihe über SDS-PAGE aufgetrennt und mit dem Farbstoff Coomassie Brilliant Blue gefärbt (Abb. 24).

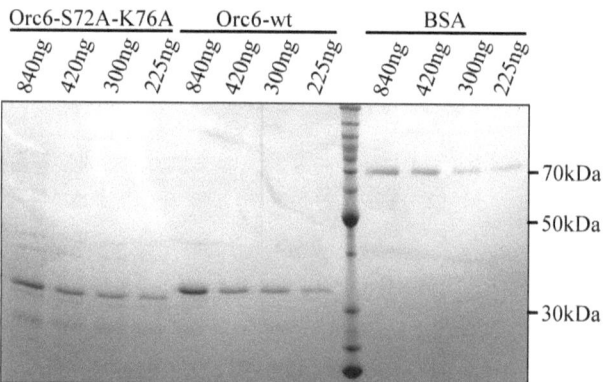

Abb. 24 Aufreinigung von HsOrc6-wt und HsOrc6-S72A-K76A
Zur Kontrolle der HsOrc6-Aufreinigungen wurden 840ng, 420ng, 300ng und 225ng der aufgereinigten HsOrc6-Proteine (Orc6-S72A-K76A und Orc6-wt) und BSA auf ein 12%iges PAA-Gel aufgetragen und mittels Coomassiefärbung analysiert.

Die VDM Verlagsservicegesellschaft sucht für wissenschaftliche Verlage abgeschlossene und herausragende

Dissertationen, Habilitationen, Diplomarbeiten, Master Theses, Magisterarbeiten usw.

für die kostenlose Publikation als Fachbuch.

Sie verfügen über eine Arbeit, die hohen inhaltlichen und formalen Ansprüchen genügt, und haben Interesse an einer honorarvergüteten Publikation?

Dann senden Sie bitte erste Informationen über sich und Ihre Arbeit per Email an *info@vdm-vsg.de*.

Sie erhalten kurzfristig unser Feedback!

VDM Verlagsservicegesellschaft mbH
Dudweiler Landstr. 99   Telefon +49 681 3720 174
D - 66123 Saarbrücken   Fax   +49 681 3720 1749
www.vdm-vsg.de

Die VDM Verlagsservicegesellschaft mbH vertritt

Printed by Books on Demand GmbH, Norderstedt / Germany